Betriebspraxis der Baumwollstrangfärberei

Eine Einführung

von

Fr. Eppendahl

Chemiker

Mit 8 Textfiguren

Springer-Verlag Berlin Heidelberg GmbH

1920

ISBN 978-3-662-24448-7   ISBN 978-3-662-26591-8 (eBook)
DOI 10.1007/978-3-662-26591-8

Softcover reprint of the hardcover 1st edition 1920

Meinen Eltern

Vorwort.

Ersatz der Handarbeit durch Maschinenarbeit ist die Losung und das Streben der Technik. Auf keinem anderen Gebiete ist der Ausfall und die Qualität der Ware so von der exakten Verarbeitung bei den Fabrikationsmanipulationen abhängig wie in der Textilindustrie und besonders in der Färberei, in welcher noch die Mehrzahl der Prozesse durch Handarbeit ausgeführt werden muß. Zudem handelt es sich beim Färben um die Verarbeitung sehr feiner leicht verletzbarer Gebilde, der Fäden. Hieraus ergibt sich von selbst die Bedeutung einer guten handwerksmäßigen Ausbildung der Färber und Färbereiarbeiter.

Bei seinem Eintritt in die Praxis sieht sich der junge Techniker zahlreichen Prozessen und Arbeitsverfahren gegenüber, für die ihm eine nötige Erklärung fehlt. Die Handgriffe und Arbeitsmethoden muß er von anderen Arbeitern absehen; eine Erklärung der Arbeitsweise findet meist nicht statt. Die Lehr- und Handbücher der Färberei beschäftigen sich der Natur der Sache nach hauptsächlich mit dem chemisch-technischen Teil, und weniger oder gar nicht mit der betriebstechnischen Praxis der Färberei. Die praktischen Arbeiten der Baumwollstrangfärberei sind zusammenhängend, betriebstechnisch bis ins kleinste Detail erklärt, in der Fachliteratur überhaupt noch nicht beschrieben.

Da ich als Betriebsleiter wegen des Mangels guter Arbeiter mir die Vorarbeiter und Färbergesellen zum Teil selbst anlernen mußte, habe ich die Beobachtung immer wieder machen können, daß gerade durch ein Erklären der Handgriffe und Arbeitsweise neben dem Vorzeigen und Vorarbeiten viel schneller das Ziel einer besseren Ausbildung der Arbeiter sich erreichen läßt. Aus dieser Tätigkeit entstanden die Notizen des IV. Kapitels über die mechanischen Arbeiten der Färberei. Im Laufe der Jahre habe ich meinen Aufzeichnungen die vorliegende Form der Einführung in die Betriebspraxis der Baumwollstrangfärberei gegeben.

Die Arbeit ist also aus der Praxis entstanden und für die Praxis ist dieselbe auch bestimmt. Aus diesem Grunde ist zuerst von der Wiedergabe der Maschinenzeichnungen und deren Erklärung abgesehen worden. Derartige auch schon in den Prospekten der Maschinenfabriken vorliegenden ausgedehnten Beschreibungen werden von Anfängern erfahrungsgemäß meist doch nicht gelesen. Dann aber hat der junge Techniker die Maschinen in der Praxis vor sich und arbeitet täglich mit ihnen, so daß sich aus diesem Grunde die Wiedergabe der Zeichnungen und deren Erklärung erübrigt. Weiter würde aber durch deren Aufnahme der Umfang des Buches ganz bedeutend erweitert, so daß die von mir gerade beabsichtigte Kürze der Einführung illusorisch würde.

Aus dem gleichen Grunde wurde von der Wiedergabe ausführlicher Rezepte bei den Fabrikationsverfahren abgesehen, da hierüber außerdem eine genügend ausführliche Literatur besonders in den Veröffentlichungen der Farbenfabriken vorliegt. Ein bestimmtes Rezept ist auch nicht für jeden Fall und für jeden Betrieb brauchbar. Die Rezepte müssen sich vielmehr den verschiedenen Betriebsverhältnissen und Anforderungen anpassen.

Auf die Echtheits- und Echtheitsprüfungsfragen glaubte ich kurz eingehen zu müssen, da von der Qualität der erzeugten Ware die Konkurrenzmöglichkeit der deutschen Textilveredelungsindustrie in der Zukunft mit abhängen dürfte. Bei den vorläufig ins Ungemessene gestiegenen Unkosten und Arbeitslöhnen wird die Qualitätsfrage bei der Konkurrenz auf dem Weltmarkt sogar von ausschlaggebender Bedeutung sein. Wenn die vorliegende Arbeit mit zur Hebung der Qualitätsarbeit der deutschen Färbereiindustrie beiträgt, so ist ihr Zweck erfüllt.

Inhalt.

I. Der Färbereibetrieb.

Die Färberei bezweckt die Veredelung der Gespinstfasern. Dies geschieht in erster Linie durch das Färben. Im weiteren Sinne schließen diese Veredelungsprozesse auch die Appreturverfahren ein, die z. B. ein bestimmtes Aussehen (Glanz bei Eisengarn) oder bestimmte Eigenschaften für die Verwendungsmöglichkeit in der Weberei (z. B. für Kett- oder Schußgarn) bezwecken. Im weitesten Sinne zählen zu diesen den „Färbereibetrieb" angehenden Veredelungsprozessen auch das Mercerisieren und Bleichen der Garne.

Die Färberei in diesem weitesten Sinne des Wortes ist als Veredelungsindustrie eine Zwischenindustrie, welche die zu verarbeitenden Rohstoffe nicht selbst fabriziert, und die veredelten Textilfasern auch nicht selbst weiter verarbeitet.

Die Färberei wird in verschiedenen Geschäftsformen betrieben, Man unterscheidet Fabrikfärberei, Lohnfärberei und Färberei mit kaufmännischem Eigenbetrieb. Ein bestehender Betrieb kann mehrere dieser Färbereiarten in sich vereinigen.

Die Fabrikfärberei arbeitet für den eigenen Bedarf, färbt also z. B. das für die eigene Weberei nötige Rohmaterial.

Die Lohnfärberei arbeitet gegen Lohn für einen bestimmten Veredelungsprozeß. Sie erhält das Rohgarn von verschiedenen Webereien, Riemendrehereien, Bandfabriken usw. und mercerisiert, bleicht, färbt und appretiert dieses nach Angabe des Auftrag gebenden Kunden, wofür der betreffende Mercerisier-, Bleich-, Farb- und Appreturlohn dem Kunden in Rechnung gestellt wird.

Die Färberei mit kaufmännischem Eigenbetrieb arbeitet nicht in „Lohn", sondern gegen „Preis", indem sie mercerisiertes, gebleichtes oder gefärbtes Baumwollgarn verkauft. Diese Betriebsart hat man z. B. bei den Türkischrotfärbereien seit deren Bestehen, indem das gefärbte Garn nach allen Ländern verkauft wurde.

Die einzelnen Betriebsarten der Färberei sind in der Praxis nicht streng voneinander getrennt, vielmehr gibt es Färbereien, die mehrere dieser Betriebsformen in sich vereinigen. Eine

Fabrikfärberei kann z. B. auch als Eisengarnfabrik Färberei mit kaufmännischem Eigenbetrieb sein, indem sie gefärbtes Garn verkauft, und kann gleichzeitig nebenher auch noch in Lohn färben. Die Lohnfärbereien können nebenher die Färberei auch als kaufmännischen Eigenbetrieb führen, indem sie mercerisiertes oder gefärbtes Garn verkaufen. Besonders durch den Verkauf mercerisierter Garne sind die reinen Lohnfärbereien vielfach zum kaufmännischen Eigenbetrieb übergegangen.

Welche Betriebsart volkswirtschaftlich die bessere ist, ist wohl noch eine offene Frage. Da die Fabrikfärbereien nur für den eigenen Bedarf arbeiten, haben diese mit einer Konkurrenz meist nichts zu tun. Die Fabrikfärbereien sind deshalb auch nicht so gezwungen, jeden kleinsten Gewinnvorteil auszunutzen, wie die mit geringem Lohn arbeitenden Lohnfärbereien. Tatsächlich bietet in vielen Fällen der Betrieb der Fabrikfärberei gegenüber einem in Lohn-Färben-Lassen keinen finanziellen Vorteil. Die Webereien mit eigener Fabrikfärberei sind nur von der Lohnindustrie unabhängig. Die Lohnfärbereien arbeiten mit meist durch die Konkurrenz äußerst gedrückten Farblöhnen. Die ganze Lage der Färbereilohnindustrie ist keine glänzende. Die Lohnfärberei kann nur durch Ausnutzen jedes kleinsten Gewinnvorteiles Gewinn erzielen. Dagegen arbeiten die Färbereien mit kaufmännischem Eigenbetrieb nach rein kaufmännischen Handelsgrundsätzen. Sie nutzen im Garnhandel die Konjunktur aus. Durch günstigen Einkauf bei niedrig stehenden Baumwollpreisen erzielen sie bei steigenden Preisen Vorteile. Der Baumwollhandel und damit auch der Garnhandel ist mehr und mehr zu einem reinen Spekulationsgeschäft geworden, bei dem große Gewinne, aber auch große Verluste erzielt werden können. Bei den Türkischrotfärbereien ist die Art der Betriebsform (Lohnbetrieb oder kaufmännischer Eigenbetrieb) als ohne besondere Bedeutung für deren Rückgang angesehen worden.

II. Die Organisation der Färbereibetriebe.

Die Organisation der Färbereibetriebe ist eine äußere und eine innere. Die äußere Organisation bezieht sich auf den Zusammenschluß der Färbereien in Arbeitgeberverbänden und Kartellverbänden. Die innere Organisation betrifft den einzelnen Färbereibetrieb, und zerfällt in eine kaufmännische und technische Organisation des Betriebes.

Äußere Organisation.

Arbeitgeberverbände. Die Organisation der Färbereien in Arbeitgeberverbänden bezweckt, die gemeinsamen Interessen gegenüber der Arbeiterschaft zu wahren. Die Schutztätigkeit eines Arbeitgeberverbandes tritt bei ernsten Schwierigkeiten mit den Arbeitern, bei Arbeitseinstellungen und Ausständen (Streiks) in Erscheinung. Schutz gegen Streikschäden gewähren den Arbeitgebern Industrieschutzverbände.

Arbeitnehmerverbände. Der Organisation der Arbeitgeber stehen die Organisationen der Arbeiter gegenüber. Die Organisation der Arbeiter verdankt ihre Entstehung der Tatsache, daß im modernen Wirtschaftsleben mit seiner Betriebs- und Kapitalkonzentration der einzelne Arbeiter beim Abschluß eines Arbeitsvertrages gegenüber dem Arbeitgeber formell wohl gleichberechtigt, tatsächlich aber der schwächere Teil ist. Dagegen wird durch einen Zusammenschluß der Arbeitnehmer deren Macht gegenüber dem Arbeitgeber betreffs der Arbeitsbedingungen gestärkt.

Die Organisation der Arbeiter tritt in den Gewerkschaften zutage. Aufgabe der Gewerkschaften ist in erster Linie die Verbesserung des Arbeitsverhältnisses für die Arbeiter durch höhere Löhne, kürzere Arbeitszeit und in zweiter Linie eine materielle Unterstützung der Arbeiter durch Kasseneinrichtungen z. B. gegen Krankheit, Arbeitslosigkeit.

Die Gewerkschaften sind Kampforganisationen. Sie suchen ihren Zweck durch äußere Machtmittel (Arbeitseinstellung, Streik) zu erreichen. Die Besserstellung der Arbeiter suchen die Gewerkschaften durch mit den Organisationen der Arbeitgeber abgeschlossene Tarifverträge festzulegen.

Die Organisation der Arbeiter in den Gewerkschaften ist keine einheitliche. Die eigentlichen Ziele der Gewerkschaften sind zum Teil mit politischen und religiösen Bestrebungen vermischt. Man unterscheidet so hauptsächlich die freien Gewerkschaften und die christlichen Gewerkschaften. Hierzu kommen die weniger bedeutenden Hirsch-Dunkerschen Gewerkschaften. Die freien Gewerkschaften haben die größte Anhängerzahl. Der gegenseitige Kampf zwischen den Gewerkschaften und Arbeitgebern wird mit aller Macht geführt. Nicht minder rücksichtslos und terroristisch ist der Druck der organisierten Arbeiter auf die nicht organisierten Mitarbeiter.

Eine Gegenreaktion ist den Gewerkschaften in der Werkvereinsbewegung (gelbe Gewerkschaften) entstanden.

Betreffs des Organisationszwanges bei Arbeitgeberverbänden und Arbeitnehmerorganisationen waren die §§ 152 und 153 der Gewerbeordnung von Wichtigkeit.

§ 152. „Alle Verbote und Strafbestimmungen gegen Gewerbetreibende, gewerbliche Gehilfen, Gesellen oder Fabrikarbeiter wegen Verabredung und Vereinigungen, zum Behufe der Erlangung günstiger Lohn- und Arbeitsbedingungen, insbesondere mittels Einstellung der Arbeit und Entlassung der Arbeiter, werden aufgehoben.

Jedem Teilnehmer steht der Rücktritt von solchen Vereinigungen und Verabredungen frei, und es findet aus letzteren weder Klage noch Einrede statt."

§ 153. „Wer andere durch Anwendung körperlichen Zwanges, durch Drohungen, durch Ehrverletzung oder durch Verrufserklärung bestimmt oder zu bestimmen versucht, an solchen Verabredungen teilzunehmen, oder ihnen Folge zu leisten, oder andere durch gleiche Mittel hindert oder zu hindern versucht, von solchen Verabredungen zurückzutreten, wird mit Gefängnis bis zu 3 Monaten bestraft, sofern nach dem allgemeinen Strafgesetze nicht eine höhere Strafe eintritt."

Färbereikartelle. Ein Kartell ist nach Tschierschky eine durch freiwilligen Vertrag selbständiger Unternehmer eines Gewerbes geschaffene Interessengemeinschaft zwecks monopolistischer Beeinflussung des Marktes.

Die Färbereien sind bei der großen Zahl der mittleren und kleineren Betriebe zur Bildung von Kartellverbänden nicht besonders gut geeignet. Die Gründung und das Bestehen derartiger Verbände ist deshalb mit großen Schwierigkeiten verknüpft. Am allerwenigsten können Kartellverbände der Färbereien Monopole schaffen. Ein Vergleich mit Kartellen der chemischen Industrie, die sich z. B. auf Patentmonopole stützen, kann hier nicht gezogen werden. Die Färbereikartelle haben in der Hauptsache nur den Zweck, geordnetere, stabilere Verhältnisse beim Verkehr mit der Kundschaft wieder einzuführen. Die Verbände sollen den eingerissenen Schäden und Unsitten des geschäftlichen Verkehrs abhelfen. Diese zeigen sich in ungeregelten Zahlungsweisen, unberechtigten beliebigen Abzügen und dergleichen. Weiter ist dann der Zweck der Kartelle, der rücksichtslosen gegenseitigen Preiskonkurrenz der Färbereien untereinander ein Ende zu machen.

Die Färbereikartellverbände suchen diese Zwecke zu erreichen:

1. durch Vereinbarungen von Zahlungs- und Lieferungsbedingungen (Konventionskartell);

2. durch Vereinbarung der Farb-, Bleich- usw. Löhne gleichzeitig mit den Zahlungsbedingungen (Preiskartell);

3. durch Schaffung eines gewissen Ausgleiches der einzelnen Mitglieder bei Preiskartellen in der Weise, daß jedem Mitgliede eine bestimmte Durchschnittsumsatzsumme schlüsselmäßig zugewiesen wird. Bei einem Mehrumsatz muß ein bestimmter Prozentsatz hiervon der Geschäftsstelle abgeführt werden, die diese Beträge den unter der festgesetzten Umsatzziffer bleibenden Färbereien verteilt;

4. durch Verteilung des Absatzes in der Weise, daß bestimmte Veredelungsarbeiten bestimmten Färbereien zugewiesen werden. Zweck einer derartigen Fusion ist das rationellere Arbeiten und eine bessere Rentabilität der einzelnen Betriebe;

5. durch Abschluß von Gegenseitigkeitsverträgen mit Fabrikantenverbänden unter Festsetzung der Preise und Zahlungsbedingungen, und mit der Vereinbarung des ausschließlich gegenseitigen Verbandsverkehrs;

6. durch Bekämpfung der Außenseiter. Kunden, die ihre sämtlichen Farb- und Bleichaufträge ausschließlich den Mitgliedern des Verbandes in Auftrag geben, wird ein höherer Rabatt gewährt;

7. durch gemeinsame mit den Fabrikantenverbänden getätigte Bekämpfung der Außenseiter.

Die Überwachung der Durchführung der Verbandsbedingungen liegt der Geschäftsstelle eines Verbandes ob. Die Kontrolle der Verbandsmitglieder erstreckt sich auf die Kontrolle der Rechnungen, und auf die eventuelle Durchsicht der Geschäftsbücher. Die Durchführung der Verbandsbedingungen soll durch Konventionalstrafen im Falle einer Übertretung gesichert werden.

Die Kartelle schränken so die persönliche geschäftliche Freiheit eines Unternehmens ein. An Stelle des Einzelinteresses soll das Gesamtinteresse der kartellierten Industrie treten. Und zwar soll ein Verband, der stets wirtschaftlich stärkere und wirtschaftlich schwächere Unternehmer umfaßt, ein genossenschaftlicher sein, der gleiche Rechte und gleiche Pflichten für alle Mitglieder voraussetzt und jedenfalls eine gegenseitige Konkurrenz unter den vereinbarten Verbandsbedingungen ausschließt.

Organisation ist Macht, das zeigen die letzten Jahre auf allen wirtschaftlichen Gebieten. So betrachten auch die Färbereien die Kartelle als ein aus einer Notlage entsprungenes Gebilde. Die Kartelle sollen eine wirtschaftliche Notwendigkeit sein. Der entgegengesetzten Ansicht kann nicht jede Berechtigung abgesprochen werden, daß ein Verband eine wirtschaftliche Notwendigkeit nur für diejenigen Betriebe ist, welche die Preise heruntergetrieben haben, und die nun mit Hilfe der Allgemeinheit ihre zerrütteten Preisverhältnisse wieder in Ordnung bringen wollen.

Bei der Festsetzung der Verkaufsbedingungen ergeben sich schon Schwierigkeiten durch die verschiedenen Betriebsarten der Färberei. Für reine Lohnfärbereien kann eine Preisliste einwandfrei festgesetzt werden. Für Färbereien mit kaufmännischem Eigenbetrieb ist es ausgeschlossen durch Kartellierung eine Festsetzung eines Normalverkaufspreises zu erreichen. Solche Färbereien müssen sämtliche Farbarbeiten in Lohn ausführen, und den Garnhandel als rein kaufmännisches Geschäft nebenher betreiben.

Der Abschluß von Gegenseitigkeitsverträgen zwischen Verbänden der Fabrikanten mit denen der Veredelungsindustrie kann nur dann einwandfrei erfolgen, wenn beide Parteien gleich stark sind. An und für sich wird aber die Textilveredelungsindustrie als Hilfsindustrie von den Webereien nicht als gleichberechtigt angesehen, so daß es bei derartigen Abschlüssen oft auf Machtfragen hinausläuft. Der Grundsatz des ausschließlichen Verbandsverkehrs wird bei solchen Gegenseitigkeitsverträgen doch nicht gewahrt. Die wirtschaftlich stärkeren Webereien, die auf eine Spezialausrüstung der heimischen Veredelungsindustrie, und auf ein tägliches Zusammenarbeiten mit dieser nicht angewiesen sind, lassen doch ohne Rücksicht auf entgegengesetzte Verträge außerhalb des Verbandes z. B. bei einer eventuell billigeren auswärtigen Konkurrenz arbeiten.

Durch einen Kartellvertrag ist eine Konkurrenz der vereinigten Mitglieder untereinander nicht ausgeschlossen. Die rücksichtslose Konkurrenz, die vor der Vereinigung bestand, sucht nach Verbandsabschluß nur andere Wege. Ganz allgemein kann gesagt werden, das eine genossenschaftliche Wahrung des Allgemeininteresses bei den Kartellverbänden oft nicht zutage tritt, daß diese vielmehr eine großkapitalistische Entwicklung fördern zum Schaden mittlerer und kleinerer Betriebe. Die Beurteilung des Wertes der Zugehörigkeit zu einem Verbande kann sich deshalb nur danach richten, welchen Nutzen der Einzelbetrieb rein kaufmännisch aus der Kartellierung hat.

Kartelle der chemischen Industrie. Die chemische Industrie, die den Färbereien die Hilfsstoffe, Farbstoffe und Chemikalien liefert, ist ihrerseits als Rohstoffindustrie sehr fest kartelliert. Die Kartellierung tritt bei der anorganischen Industrie in Form von Syndikaten, bei der organischen Farbstoffindustrie in Form von Interessengemeinschaften zutage. Der Zusammenschluß der chemischen Industrie hat teilweise zu Monopolstellungen geführt, gegen welche die Abnehmer machtlos sind. Die Interessengemeinschaften der Farbenfabriken haben aber keine Vereinfachung des Farbenverkaufs durch Errichtung gemeinschaftlicher Verkaufsbureaus gebracht, vielmehr wird die getrennte kaufmännische Bearbeitung der Färbereien vorgezogen. Diese Geschäftshandhabung ist durch die Arbeitsweise vieler Färbereien mit bedingt. In den meisten Färbereien sind die liefernden Farbenfabriken gleichzeitig auch die technischen Ratgeber bei allen vorkommenden Schwierigkeiten. Verursacht ist dies durch das in zahlreichen Färbereien empirisch arbeitende Meistersystem. Die einzelnen Farbenfabriken sichern sich die Kundschaft durch teils langfristige Abschlüsse. Langfristige Abschlüsse können den Fortschritt einer Färberei empfindlich hemmen, wenn die sofortige Einführung neu erscheinender Farbstoffe und Färbeverfahren durch alte bindende Abschlüsse unmöglich gemacht ist.

Für die Färbereien sind ferner noch die Kartelle der Chemikaliengroßhändler von Wichtigkeit. Auch diese Konventionen suchen sich zum Teil zur Monopolbildung aufzuschwingen. Diese Monopolbildung zeigt sich z. B. bei einer getätigten Kundenverteilung. Durch diese Kundenverteilung kann eine Färberei nur bei dem Händler einkaufen, dem sie zugeteilt ist, andernfalls müßte sie höhere Preise bezahlen. Die Händler werden eventuell in ihrem Vorgehen noch dadurch unterstützt, daß das betreffende Syndikat der chemischen Industrie außer Verband stehenden Händlern nichts liefert.

Gegen diese Monopolstellung einnehmende oder anstrebende Kartellbildung der chemischen Industrie haben die Färbereien zum Schutze der Wahrung ihrer Konsumenteninteressen noch so gut wie nichts getan. Durch die Organisation des Einkaufs größerer Verbände könnte doch ein Gegengewicht gegen die kartellierten Lieferanten geschaffen werden. Während des Krieges haben sich vereinzelte Genossenschaften von Farbstoffkonsumenten gebildet zum Zwecke der Versorgung ihrer Mitglieder mit Farbstoffen.

Innere Organisation.

Die kaufmännische Organisation. Die rein kaufmännische Organisation und die kaufmännische Praxis wird zu Unrecht in den meisten Fällen als die alleinige Hauptsache eines Geschäftes betrachtet. Die kaufmännische Tätigkeit unterhält nach außen hin den Verkehr mit der Kundschaft, und befaßt sich nach innen hin mit der kaufmännischen Betriebsleitung, wie der Buchführung, der Kalkulation. Beim Verkehr mit der Kundschaft kommen neben den rein kaufmännischen oft auch technische Fragen in Betracht, die der Kaufmann allein nicht erledigen kann. Die kaufmännische Praxis ist bei den Lohnfärbereien am einfachsten, schwieriger beim Garnhandel, und geschieht hier nach rein kaufmännischen Prinzipien, Ausnutzung der Konjunktur usw.

Als Auswuchs der kaufmännischen Tätigkeit der Färberei nach außen hin ist das Schmierunwesen zu bezeichnen. Während man in Färbereikreisen besonders Front gegen das Schmieren der Färbermeister und Arbeiter von seiten der Farbenfabriken gemacht hat, beachtete man das eigene Schmierunwesen der Färbereien kaum.

Die Buchführungspflicht, Inventaraufnahme und Bilanz kaufmännischer Betriebe ergibt sich aus den Bestimmungen des Handelsgesetzbuches, und geschieht nach rein kaufmännischen Grundsätzen.

Die Buchführungsmethode kann für gemischte Betriebe derart spezialisiert werden, daß sie eine genauere Kalkulation ermöglicht, und die Unkosten der einzelnen Abteilungen fortlaufend kontrollieren läßt. Bei der Mehrzahl der kleineren und mittleren Färbereien kommen derart spezialisierte Kontenführungen nicht in Betracht, da die einzelnen Abteilungen mit dem ganzen Betriebe zusammenhängen, nicht genügend getrennt sind und nicht genügende Selbständigkeit besitzen.

Die Kalkulation. Kalkulation ist Unkostenberechnung und bezweckt die Feststellung der Herstellungskosten einer Farbe. In den meisten Fällen wird in den Färbereien überhaupt nicht kalkuliert. Man richtet sich mit den Farblöhnen nach der Konkurrenz. Wie wenig kalkuliert wird, beweist schon die erfolgreiche Praxis der Farbstoff- und Chemikalienlieferanten der Färbereien. Für die Farbstoffe und Chemikalien werden möglichst billig scheinende Rezepte und Zirkulare auf dem Kontor abgegeben, auf Grund deren „kalkuliert" und Geschäfte abgeschlossen werden. Die Unrichtigkeit der Zirkularangaben kann die kaufmännische Leitung nicht feststellen, da das Färben der Färbermeister besorgt, und dieser schon von selbst, um keine Anstände zu erhalten, größere Mengen Farbstoffe und Chemikalien verwenden wird, ohne daß jemand sich darum kümmert. Diese Praxis der Färbereien fand auch ihre Berücksichtigung bei der Herausgabe der Küpenfarbstoffe in Teigform, da die meisten Färbereien sonst diese Farbstoffe bei den hoch scheinenden Pulverpreisen überhaupt nicht versucht haben würden.

Die Ausführung der Kalkulation gestaltet sich ganz individuell nach der Eigenart des betreffenden Betriebes, so daß ein allgemein gültiges Verfahren nicht existiert.

Die Herstellungskosten einer Farbe setzen sich zusammen 1. aus den verbrauchten Farbstoff- und Chemikalienkosten, 2. dem aufgewandten Arbeitslohn und 3. den allgemeinen Betriebsunkosten.

Diese Unkosten könnten für eine einzelne Farbe genau ermittelt werden. Es geschieht dies praktisch nicht, denn die erhaltene Zahl wäre nicht einwandfrei maßgebend. Diese Zahl würde nur dann annähernde praktische Genauigkeit erreichen, wenn es sich um die andauernd gleichmäßige Massenherstellung immer der gleichen Farbe handeln würde, wobei Arbeitszeit und Betriebsunkosten konstante Faktoren bildeten. Dies trifft praktisch in den Lohnfärbereien mit ihrer mehr oder weniger wechselnden Beschäftigung, mit den verschiedenartigsten Färbeverfahren und der stets verschiedenen Partiegröße nicht zu. Es kommt ferner in Betracht, daß der Betrieb mit den verschiedenen Partien und Operationen Hand in Hand arbeitet. Arbeitslohn und Betriebsunkosten sind für eine Farbe deshalb stets wechselnde Faktoren. Für die Kalkulation kommen somit hierfür nur Durchschnittswerte in Betracht. Auch für den Farbstoff- und Chemikalienverbrauch werden Durchschnittswerte benötigt, wenn auf alten, stehenden Bädern gefärbt wird.

Es folgt hieraus, daß die Färbereikalkulation für eine einzelne Farbe keine absolut genauen Zahlen ergibt. Das Resultat bildet vielmehr nur Durchschnittswerte, und nur als solche hat die Kalkulation für die Färberei praktischen Wert.

Die Farbstoff- und Chemikalienkosten für eine Farbe lassen sich genau feststellen durch Abwiegen der verbrauchten Mengen. Sind größere Partien zu färben auf einem Ansatzbad und mehreren stehenden Bädern, so wird der Durchschnittsverbrauch in die Kalkulation eingesetzt. Ein bestimmter Prozentsatz wird hinzugerechnet für Verluste beim Abwiegen und für Fehlpartien.

Der Arbeitslohn läßt sich feststellen durch Kontrolle der aufgewandten Arbeitszeit. Diese ist verschieden je nach dem Geschäftsgang der Färberei, ob eine größere Menge gleichartiger Farben zusammen verarbeitet, oder ob mit verschiedenen Partien Hand in Hand gearbeitet wird.

Für die Kalkulation kommen beim Arbeitslohn somit auch nur Durchschnittswerte in Betracht. Je nach der Eigenart des Färbereibetriebes müssen diese Durchschnittswerte festgestellt werden.

Die allgemeinen Betriebsunkosten setzen sich zusammen aus Kohlenverbrauch, Fuhrwerksunkosten, Versicherungsbeiträgen, Abschreibungen, Amortisation usw.

Fuhrwerksunkosten, Versicherungsbeiträge ergeben sich aus dem Durchschnitt eines Jahres. Ebenso wird der Kohlenverbrauch am zweckmäßigsten aus dem Jahresverbrauch berechnet. Bei sehr verschiedenem Dampfverbrauch einzelner Arbeitsmethoden kann eine genaue Feststellung des Dampfverbrauches, und damit der Unkosten nur durch die Anwendung der Dampfmesser erfolgen, welche in die Dampfleitung zwischengeschaltet werden. In Färbereien findet man jedoch Dampfmesser kaum.

Abschreibungen sind erforderlich in dem Maße, wie die im Betrieb befindlichen Anlagen durch den Gebrauch abgenutzt und entwertet werden. Die Abschreibungen werden in der Regel getätigt durch Inrechnungstellung eines bestimmten Prozentsatzes der Anlagekosten. Abschreibungen haben vom Anschaffungswert und nicht vom Buchungswert zu erfolgen. Die genaue Feststellung der wirklichen Abnutzung einer Anlage ist äußerst schwierig, und wird praktisch meist auch nicht ausgeführt. Denn das kaufmännische Prinzip ist, eine Anlage möglichst schnell abzuschreiben, damit nicht durch unvorhergesehene Ereignisse, größere Reparaturen, Außerbetriebstellung, Änderung der Fabrikation, Verluste entstehen. Auf Maschinen wird in der Regel 10—15 %, auf Gebäude 3 % abgeschrieben.

Die Amortisation betrifft die Tilgung vom Kapital.

Bei den allgemeinen Betriebsunkosten handelt es sich nur um Durchschnittswerte. Der Durchschnittswert ist als Kalkulationsfaktor nur so lange richtig, als es sich um einen gleichartigen Betrieb handelt. Liegt ein gemischter Betrieb vor, so müssen die auf jede einzelne Abteilung fallenden allgemeinen Betriebsunkosten für sich allein festgestellt werden, was um so einfacher geschehen kann, je getrennter die verschiedenen Abteilungen voneinander sind. Bei der Mehrzahl der kleineren und mittleren Färbereien ist dies aber nicht der Fall.

Die Herstellungskostenberechnung einer Farbe gibt die Grundlage für den Verkaufspreis, den Farblohn. Der Farblohn setzt sich zusammen aus den Herstellungskosten und dem Verdienst. Der eingerechnete Verdienstprozentsatz wird kaufmännisch vom Verkaufspreis und nicht von den Selbstkosten genommen.

Der Faktor Verdienst ist verschieden je nach der Größe und je nach der Geschäftspraxis der Färberei. Meist trifft allgemein zu, daß größere Färbereien größere Betriebsunkosten gegenüber kleineren Färbereien haben, die auch kleine Vorteile besser und intensiver ausnutzen können. Das kaufmännische Geschäftsprinzip ist auch sehr verschieden, z. B. großer Umsatz — kleiner Nutzen usw.

Der Prüfstein eines Betriebes ist letzten Endes die Rentabilität. Hauptzweck der Kalkulation ist mit zu vermeiden, daß Aufträge unter Herstellungskosten übernommen werden, während es zuweilen nicht zu vermeiden ist, daß einzelne Aufträge mit wenig oder gar keinem Verdienst ausgeführt werden müssen, um andere lohnendere Arbeit zu erhalten oder um das Auftreten der Konkurrenz zu vermeiden.

Die technische Organisation. Die technische Organisation des Betriebes betrifft die Art der Leitung der Fabrikation. Sie regelt das Verhältnis der Betriebsleiter, Meister und Arbeiter. Zu diesen Fragen der Betriebsleitung gehören auch die Arbeiterfrage und die Frage des Lohnsystems.

Die Betriebsleitung. Die Art der Betriebsleitung wird bis zu einem gewissen Grade gekennzeichnet durch die Verhältniszahl der Angestellten (Betriebsleiter, Meister usw.) zu der Zahl der Arbeiter. In der chemischen Industrie entfallen auf einen Beamten im allgemeinen nur vier bis fünf Arbeiter (Duisberg, Zeitschr. f. ang. Chemie 25, 1912, S. 4). In nach dem Taylor-System arbeitenden Betrieben erhöht sich die Zahl der Beamten noch mehr. Das Verhältnis von Beamten und Arbeitern ist z. B. in der Tabor Mfg. Co. etwa 1 : 3 (Taylor-Wallichs, Betriebsleitung S. 63).

Diesen Zahlen gegenüber halten die Färbereien überhaupt keinen Vergleich aus. Die Betriebsleitung liegt in der Regel in der Hand des meist empirisch arbeitenden Färbermeisters. Der Färbermeister leitet die gesamte technische Fabrikation mit Hilfe der selbständigen Färbergesellen. Ein Färbermeister leitet so eine Färberei mit 10, 20, 30 und selbst mehr Arbeitern. In den Fabrikfärbereien untersteht der Färbermeister in der Regel einem kaufmännischen Prokuristen, der den Einkauf leitet und der auch oft in technischen Fragen ausschlaggebend ist. In kleinen und mittleren Färbereien ist die Tätigkeit des Chefs oft eine rein kaufmännische, so daß hier der Färbermeister betreffs der technischen Leitung meist vollständig freie Hand hat. Hauptaufgabe des Färbermeisters ist dann möglichst viel fertig zu stellen, wie, mit welchen Farbstoffen und Färbeverfahren ist oft gleichgültig. Es ergeben sich so die Fälle, in denen der Färbermeister nur die ihm passenden Farbstoffe verwendet und sich betreffs der Farbstoffe und Färbeverfahren überhaupt nichts sagen läßt. Es bedarf keiner Frage, daß solche Meisterwirtschaft zu einem wahren Unwesen für den Unternehmer ausarten kann und keine rationelle Betriebsleitung darstellt.

Für die Unwirtschaftlichkeit solcher Zustände zeigen die meisten Färbereien kein oder nicht genügendes Interesse. Die Haltlosigkeit empirischer Arbeitsmethoden wird ihnen erst klar bei der Ausführung komplizierterer Verfahren, z. B. bei den Färbeverfahren der Küpenfarbstoffe, bei welchen ohne Vorhandensein einer Rezeptur, und ohne genaue Dosierung der Farbstoffe und Chemikalien ein rationelles Arbeiten schlechterdings ausgeschlossen ist. Sonst zeigt man oft selbst kein Verständnis dafür, weshalb man nicht bei möglichst allen Farben Farbstoffe und Chemikalien abwiegt, wie es wenigstens bei dem Färben von Schwarz doch gebräuchlich ist. Bei den ständig steigenden Arbeiterlöhnen wird in Zukunft die rationelle Betriebsleitung für die Wirtschaftlichkeit und Konkurrenzfähigkeit einer Färberei von ausschlaggebender Bedeutung sein.

Zu einer wirtschaftlichen Organisation der Färberei gehört in erster Linie deshalb ein vollständiges Aufgeben der bisherigen empirischen Arbeitsmethoden. Zuerst muß ein gut und vollständig trocken gelegenes Farbstoff- und Chemikalienlager geschaffen werden, damit nicht in allen Fensternischen und Ecken der Färberei Farbstoffe und Chemikalien herumstehen und aufbewahrt werden. Aus dem Farbstofflager darf ohne Abwiegen nichts entnommen werden. Säuren usw. sind in Meßgefäßen, kleinere Mengen in Meßzylindern abzumessen. Das Abmessen und Entnehmen soll nie in den Farbschäppen geschehen, wobei kleinere Mengen nicht richtig geschätzt und daher in der Regel zu große Mengen verbraucht werden. Wenn öfter festgestellt wird, daß man z. B. mit Essigsprit genau so weit kommt, wie mit höherprozentiger Essigsäure, so ist hiermit das sinnlose Entnehmen der Chemikalien ohne genauere Gewichts- oder Volumenfeststellung gekennzeichnet. Das Abwiegen der Farbstoffe und Chemikalien und das Abmessen der Säuren zwingt den Färber zu einem genaueren Überlegen der zu verwendenden Mengen. Die für eine Farbe verbrauchten Farbstoffe und Chemikalien sind aufzuschreiben. Von der fertigen Partie wird ein Kontrollmuster abgenommen, welches zusammen mit dem Rezept aufbewahrt und in ein Musterbuch eingetragen wird. Bei einem weiteren Auftrag in der gleichen Farbe sind dann im Anfang wenigstens schon ungefähr stimmende Rezepte vorhanden. Durch eine Berechnung und ein Abwiegen der Farbstoffe und Chemikalien werden dann bei den folgenden Partien in der gleichen Farbe schon wesentliche Ersparnisse an Arbeitslohn erzielt. Variationen eines Rezeptes bei verschieden großen Partien, bei verschieden großen Flottenmengen, und bei Benutzung verschiedener Färbegefäße sind natürlich auch jeweils zu registrieren, so daß mit der Zeit ein vollständiges und zuverlässiges Fabrikationsbuch entsteht.

Für die Musterbücher eignen sich am einfachsten und zweckmäßigsten die sog. Soenneken- oder Leitz-Briefordner. Die Einlagen läßt man aus dünnem Karton von einem Buchbinder herstellen. Die Briefordner erlauben gegenüber gebundenen Musterbüchern auch ein Registrieren, bezw. Ordnen und Hinzuheften von Blättern.

In den Lohnfärbereien geschieht das Eintragen und Einkleben der Muster am besten für jeden Kunden gesondert. Es ist dies für den Gebrauch praktischer als ein Anordnen der Muster nach den Nuancen und Färbeverfahren.

Die Musterstränge selbst werden in größeren Pappschachteln nach den Kunden, Nuancen und Färbeverfahren sortiert und aufbewahrt. Durch eine geordnete Sammlung sind im Laufe der Zeit für Echtheitsproben, für Offerten an neue Kunden usw. dann stets Muster vorhanden und direkt zur Hand.

Stellt man so im Anfang durch Abwiegen und Aufschreiben der verbrauchten Farbstoffe und Chemikalien die Rezepte der hergestellten Farben im großen fest, so wird gleichzeitig durch das Färbereilaboratorium die Arbeit in der Färberei unterstützt. Für größere Partien wird vorher das Färbeverfahren ausgearbeitet. Im Laufe der Zeit wird durch das Laboratoriumsfärben ein solches Mustermaterial geschaffen, daß für die meisten hauptsächlich vorkommenden Farben eine Rezeptur schon vorhanden ist. Die genauen Färbeverfahren können dann vorher stets vom Laboratorium aus angegeben werden, und ein zeitraubendes, teueres empirisches Herumprobieren beim Färben in der Färberei ist nicht mehr nötig. Gerade durch das Ausarbeiten der Rezepte im kleinen mit verhältnismäßig wenigen nötigen Laboratoriumsutensilien läßt sich der Nutzen einer rationellen Betriebsführung und eines Laboratoriums schlagend beweisen, so daß dann dem langsamen Ausbau des anfänglich naturgemäß meist recht primitiven Färbereilaboratoriums nichts mehr im Wege steht.

Neben einem geordneten Farbstoff- und Chemikalienlager, dem Färbereilaboratorium und dem sachgemäßen, Arbeitslohn sparenden Arbeiten mit vorher festgestellten Färbeverfahren und Rezepten, ist für den Färbereibetrieb die geregelte Durchführung eines einheitlichen Geschäftsganges erforderlich. Der Betrieb regelt sich bei den zahlreichen größeren und kleineren ver-

schiedenen Farbpartien nur durch ein Ineinander- und Zusammenarbeiten aller Arbeitskräfte. Dieses sachgemäße Ineinandergreifen
der Arbeiten hängt von der Intelligenz des Betriebsleiters ab,
der die verschiedenen Partien je nach der Dringlichkeit bei eiligen
Aufträgen, nach der Partiegröße und den Färberverfahren für die
Bleich- und Abkochkessel zusammenstellt, und das Aufeinander-
folgen der Arbeiten bestimmt.

Bei dem Eintritt in den Geschäftsgang wird jede Partie gekennzeichnet. Vielfach geschieht dies besonders in Bleichereien
durch eine Blechmarke mit eingeprägter Nummer, so daß jede
Partie eine bestimmte Nummer führt. In Lohnfärbereien mit den
zahlreichen verschiedenen Farben ist eine Kennzeichnung durch
ein Zettelsystem ebenfalls brauchbar und bietet auch den Vorteil,
daß der einer Partie stets anhängende Kennzettel direkt Partie-
und Garnnummer, Farbe und Kunden angibt, also eine leichtere
Orientierung ermöglicht.

Die Partiezettel werden zweckmäßig in der Mitte geknickt,
und enthalten auf beiden Hälften folgende Angaben:

Partie-Nr.	Partie-Nr.
.... Bdl. Garn-Nr.	.... Bdl. Garn-Nr. ....
Farbe	Farbe
Datum Kunde	Datum Kunde

Das Ausschreiben der zweiten Hälfte kann nach dem Zu-
sammenfalten auch durch Durchschreiben mit Pauspapier geschehen. Diese Zettel werden den einzelnen Partien stets angeheftet. Beim Einpacken der Koch- und Bleichkessel nach der
Reihenfolge des Koch- und Bleichbuches oder der Koch- und
Bleichzettel werden die Partiezettel dem Einpacken entsprechend
zusammengelegt, und beim Auspacken wieder der Reihenfolge
nach den einzelnen Partien angeheftet. Ist die Partie fertig, und
wird dieselbe zum Trocknen auf der Trockenkammer aufgehängt,
so wird die eine Hälfte des Partiezettels abgerissen und in ein
Kästchen an der Trockenkammertüre geworfen. Die Zettel werden
zum Kontor gegeben, nach Kunden und Farben geordnet (was
nicht so leicht und schnell ausgeführt wird, wenn die abgerissene
Hälfte des Partiezettels nur die Partienummer enthält), wonach
alsdann die Lieferbücher, Liefernotas und Anhängekarten ausgeschrieben werden.

In größeren Färbereien mit zahlreichen selbständigen Färbergesellen hat oft jeder Färber über die von ihm gefärbten Partien
Buch zu führen. Täglich werden die verschiedenen Partien in ein

Heftchen eingetragen, unter gleichzeitiger Angabe der beim Färben mitbeschäftigten Färbereiarbeiter. Diese Angaben dienen zur Kontrolle der Leistung des Färbers und als Grundlage einer Kontrollkalkulation. Die aufgewandten Arbeitszeiten können auch bei jeder einzelnen Partie auf der Rückseite der Partie- oder Rezeptzettel eingetragen werden

Um Irrtümer des Kutschers beim Abliefern der verschiedenen Partien zu vermeiden und diese eventuell nachkontrollieren zu können, läßt man die erfolgte Lieferung vom Empfänger quittieren. Betriebstechnisch praktisch und besonders geeignet sind hierfür numerierte Durchschreibenotas für Achatstift, denen ein kleiner abreißbarer perforierter Quittungszettel anhängt:

Notanummer

Obige .... Bdl. .... kg erhalten zu haben bescheinigt

Ort, Datum ....   Unterschrift

Der Geschäftsgang ist somit kurz skizziert beispielsweise folgender:

1. Die eingehenden Partien werden sortiert und mit der Liefernota verglichen und nachgeprüft. Die Aufträge werden in das Farbbuch der Färberei und das Fitzbuch eingetragen. Die Partienummer wird auf der Nota vermerkt. Die Nota geht zum Kontor zur kaufmännischen Verbuchung.

2. Der Partiezettel wird ausgeschrieben. Die gleichen Angaben werden auf einem weiteren Zettel, dem Rezeptzettel, als Überschrift eingetragen.

3. Die sortierten Partien werden auf der Fitzstube mit dem Partiezettel versehen und gefitzt.

4. Farbmuster und Rezeptzettel gehen zum Laboratorium. Färbeverfahren und Rezept wird festgestellt und ausgeschrieben.

5. Nach den Rezeptzetteln werden die Farbstoff- und Chemikalienvorräte nachgeprüft und nachbestellt.

6. Die Partien werden nach der Dringlichkeit, der Größe und den Färbeverfahren für die Abkoch- und Bleichkessel zusammengestellt. Die abzukochenden Partien werden in das Koch- und Bleichbuch oder in die Koch- und Bleichzettel eingetragen und dementsprechend verarbeitet.

7. Der Färber erhält die Rezeptzettel für die von ihm zu färbenden Partien. Entsprechend den Vorschriften des Rezeptzettels arbeitet er mit den vom Lager zu entnehmenden schon abgewogenen, eventuell gelösten oder angeteigten, oder noch ab-

zuwiegenden, zu lösenden oder anzuteigenden Farbstoffen und Chemikalien.

8. Im Farbbuch wird nach der abgetrennten Hälfte des Partiezettels die Erledigung (Lieferung) der Partie gebucht. Das Kontor schreibt nach den Partiezetteln die Lieferbücher, Notas und Anhängekarten oder Etiketten der Partie aus, und die nach Kunden sortierten Partien werden abgeliefert.

9. Das von der Partie abgenommene Kontrollmuster mit Rezeptzettel geht zum Laboratorium. Bei neuen, abgeänderten noch nicht gebuchten Rezepten erfolgt Eintragung in das Musterbuch, worauf die Musterstränge in die Musterschachteln sortiert und aufbewahrt werden.

Das skizzierte Geschäftsverfahren kann natürlich vielseitig variiert werden, und richtet sich nach der Eigenart des Betriebes und den individuellen Ansichten und Erfahrungen des Betriebsleiters. Ein allgemein gültiges Schema für alle Betriebe gibt es deshalb nicht.

Die Arbeiterfrage. Für die Betriebsleitung ist neben der technischen Organisation die Arbeiterfrage von ausschlaggebender Bedeutung. Qualitätsarbeit erfordert Qualitätsarbeiter. Die Heranziehung und Ausbildung eines gut geschulten Arbeiterstammes zählt deshalb mit zu den Hauptaufgaben eines Färbereibetriebes. Das Personal einer Färberei setzt sich hauptsächlich zusammen aus den eigentlichen Färbern, den „selbständigen" Färbern und den Färbereiarbeitern. Der Nachwuchs dieses Arbeiterstammes sollte aus den Lehrlingen herangezogen werden. Die Lehrlingsausbildung wird bei den Färbereiarbeitern aber oft umgangen. Nach mehrjähriger Arbeit als Fabrikarbeiter mit verhältnismäßig gutem Lohn gegenüber den Lehrlingen treten die jungen Leute in der Regel in große Schwarzfärbereien als Färbereiarbeiter ein. Bei einiger Intelligenz lernen sie leicht die verschiedenen Handgriffe, und nach einem halben Jahre können sie dann in anderen Färbereien als Gesellen ankommen. Die Zahl der eigentlichen Lehrlinge ist so von Jahr zu Jahr geringer geworden, so daß an wirklich ausgebildeten Färbergesellen ein Mangel herrscht. Die Betriebsleiter der Färbereien, die Qualitätsware herstellen, Echtfärbereien z. B., müssen sich geeignete Leute selbst anlernen. Der Betriebsleiter muß hierfür auch praktischer Färber sein, die Handgriffe zeigen und vorarbeiten können, wie er gearbeitet haben will.

Bei dieser Ausbildung eines Arbeiterstammes kann nur das eigene Geschäftsinteresse des Betriebes eine Rolle spielen. Die besser organisierte, qualitativ höher stehende Färberei hat kein

Interesse Arbeitskräfte auszubilden, die von weniger auf der Höhe befindlichen Färbereien hinterher zu übernehmen versucht werden, um Arbeitsmethoden, Rezepte und Verfahren auszukundschaften, und von der Konkurrenz zu entnehmen. Der Betrieb muß sich sichern, daß seine Erfahrungen nicht so ohne weiteres ausgekundschaftet werden, und daß durch Übernahme der Färbergesellen die Konkurrenz Rezepte erfahren kann. Das sicherste Mittel hierzu ist ein vollständiges Umtaufen sämtlicher gebrauchter Farbstoffe. Die Farbstoffe werden auch zweckmäßig in Blechstandbüchsen umgefüllt. Küpenfarbstoffe, die nur nach feststehenden Rezepten gefärbt werden, werden am besten abgewogen und angeteigt in numerierten Töpfen oder Eimern im Farbstofflager bereit gestellt, so daß von den Färbergesellen die Mengen, Farbstoffe und Farbstoffmischungen nicht festgestellt werden können. Da auf dem Küpen- und Echtfärbereigebiete nur einzelne Färbereien Erfahrungen besitzen, ist diese Vorsichtsmaßregel zur möglichsten Wahrung der Geschäftserfahrungen den Arbeitern gegenüber geboten und nicht zu umgehen.

Das Lohnwesen. Eng verbunden mit der Arbeiterfrage ist die Lohnfrage. Die Textilindustrie war bisher eine Industrie, welche nur bei geringen Löhnen existenzfähig gewesen ist. Es ist dies volkswirtschaftlich sehr bedauerlich. Je besser eine Arbeiterklasse entlohnt wird, je höher wird auch das Qualitätsniveau der geleisteten Arbeit steigen. Wenn Qualitätsarbeit Qualitätsarbeiter erfordert, so müssen diese auch entsprechend bezahlt werden. Ein gut geleiteter Betrieb wird deshalb nicht nur auf möglichst niedrige Löhne drücken, denn je höhere Löhne ausbezahlt werden können, umso besser ausgebildete Arbeiter wird sich ein solcher Betrieb aussuchen können. Mit einem besser qualifizierten Arbeiterstamm steigt die Qualität der geleisteten Arbeit, womit auch von selbst mit der Zeit der wirtschaftliche Nutzen steigen wird. Die Färbereibetriebe haben also an gut entlohnten Arbeitern selbst das größte Interesse. Trotzdem hängt von der Lösung der Lohnfrage mit die Existenzmöglichkeit der Färberei ab. Nachdem der Krieg alle Verhältnisse auf den Kopf gestellt hat, muß die geordnete Friedenswirtschaft eine Regelung dieser für die Textilindustrie so ausschlaggebenden Frage bringen.

Beim Lohnwesen in der Färberei unterscheidet man hauptsächlich drei Lohnsysteme, und zwar 1. Zeitlohn, 2. Akkordlohn und 3. Zeitlohn mit Akkordprämien.

Der Zeitlohn ist das jetzt gebräuchlichste Lohnzahlungssystem in den Färbereien. Er wird von den Arbeiterorganisationen hauptsächlich gefordert und erkämpft. Der Zeitlohn wird eventuell nach dem Alter der Arbeiter und Arbeiterinnen gestaffelt. Einzelne Betriebe folgen dem beim Staate und bei den Kommunalverwaltungen üblichen Verfahren, den Zeitlohn für unverheiratete und verheiratete Arbeiter zu differenzieren, indem verheiratete Arbeiter eine Zulage erhalten. Die Nachteile des Zeitlohnes sind, daß tüchtige und weniger brauchbare, fleißige und lässige, geschickte und unzuverlässige Arbeiter gleich bezahlt werden. An der Leistung und Fertigstellung möglichst vieler Arbeit hat der Arbeiter beim Zeitlohn kein Interesse.

Diesen Nachteil soll das Akkordlohnsystem beheben. Für eine bestimmte stets gleich bleibende Arbeit erhält der Arbeiter einen bestimmten, „verakkordierten" Lohn. Der Akkordlohn wird besonders dann auch bezahlt, wenn es sich um nur zeitweise, nicht ständige Leistungen handelt. In den Färbereien findet man verschiedentlich die verschiedensten Akkordlöhne. Das Fitzen der Garne, und auch das strangweise Nachsehen der fertigen gefärbten mercerisierten Garne wird oft in Akkord ausgeführt. Für das Knudeln der Garne beim Abkochen, das Anschütten und Packen der Garne werden z. B. in den Türkischrotfärbereien zum Teil Akkordlöhne bezahlt. Das Akkordlohnsystem bietet den Vorteil, daß nur eine wirklich geleistete Arbeit bezahlt, und die Geschicklichkeit und der Fleiß des Arbeiters richtig bewertet wird. Bei den in den Färbereien üblichen Akkordsystemen — selbst in den als Musterbeispiel oft herangezogenen Türkischrotfärbereien — kann bei genauerer Prüfung jedoch noch keine einwandfreie Lösung der Akkordlohnfrage gesehen werden, da eine gleichmäßige Entlöhnung verschiedener Arbeiten bei gleichen Arbeitsleistungen noch nicht erreicht worden ist.

Dem riesigen Vorteil des Akkordsystems steht für die Färbereiindustrie ein großer Nachteil entgegen. In den Industrien, in denen hauptsächlich Akkordlöhne durchgeführt sind, kann die geleistete Arbeit durch äußeren Augenschein nachgeprüft werden. In der Färbereitextilindustrie nicht allgemein. Einer fertigen Färbung kann man nicht ansehen, ob sie durch genügendes Behandeln in den Beiz- und Färbebädern richtig fixiert worden ist. Noch weniger, ob ordnungsgemäß gespült wurde, um von der Faser eventuell beim Lagern schädigende Ingredienzien zu entfernen. Da beim Akkordlohn der Arbeiter ein Interesse daran hat, möglichst schnell eine Arbeit zu erledigen, ist die Versuchung zu groß, daß Färbe- und Spülverfahren unbeachtet abgekürzt werden, die Qualität der Färbung also eine Schädigung erfahren kann. Wenn in Färbereien und Bleichereien z. B. für das Packen der fertigen Ware zum Teil grundsätzlich kein

Akkordlohn, sondern Zeitlohn bezahlt wird, selbst wenn täglich
die größten Mengen zu packen sind, so haben diese Betriebe ihre
stichhaltigen Gründe gegen das Akkordsystem für diese Arbeiten.
Beim Packen der fertigen gebleichten oder gefärbten Garne soll
gleichzeitig auf Unregelmäßigkeiten, Flecken, Streifen, zerrissene
Stränge oder dergl. geachtet werden, um diese Fehler zu be-
seitigen. Dies wird nur zuverlässig ausgeführt bei Zeitlohn. Eine
genügende Kontrolle der Packer besteht dadurch, daß man die
tägliche Durchschnittsleistungsfähigkeit eines Packers genau kennt.
Würde das Packen in Akkord ausgeführt, so würde auf vorhandene
Fehler nicht genügend geachtet, durch deren spätere Reklamation
dann mehr Schaden entstehen, als das Akkordsystem Nutzen
bringen könnte.

Das so wünschenswerte Akkordlohnsystem hat also auch seine
Schattenseiten. Insbesondere läßt es sich in kleineren und mittleren
Färbereien mit ihrer Unzahl verschieden großer Partien, wobei
der Betriebsleiter in der Hauptsache auf ein Zusammenarbeiten
und Ineinandergreifen der Arbeiten sehen muß, nicht allgemein
einführen.

Die Nachteile des Zeitlohnes durch die Vorteile des Akkord-
systemes zu beheben, sucht das dritte Hauptlohnzahlungssystem,
der Zeitlohn mit Akkordprämie. Für diese Prämiensysteme gibt
es die verschiedensten Arten. In der Färberei wird z. B. zu einem
feststehenden Grundlohn für jedes gefärbte, fertiggestellte Bündel
eine Prämie bezahlt. In der Indigoküpenfärberei kann man die
besonders schmutzige Arbeit durch eine derartige Prämie ver-
güten. Das gleiche geschieht für die Passierarbeiten beim Paranitranilinrot bzw. Echtrot. Die Prämie bietet dann auch einen
Anreiz zur möglichst hohen Arbeitsleistung. Diese Prämiensysteme
sind verschiedenartig zum Teil kompliziert und sinnreich ausgebaut
worden. Der Färber erhält z. B. den Grund- oder Zeitlohn A. Zu
diesem Grundlohn kommt für jede gefärbte Partie der Zuschlag B.;
und weiter pro Kilogramm der gefärbten Partie der Zuschlag C
dividiert durch die Anzahl der beim Färben benötigten Arbeiter.
Durch dieses Verfahren wird also zuerst die Geschicklichkeit des
Färbers prämiiert durch den Zuschlag B, und zum Ausgleich der
Arbeitsleistung bei verschieden großen Partien dient der Zuschlag C. Der Zeitlohn mit Akkordprämie zeigt neben seinen
Vorteilen aber auch wieder den Nachteil des reinen Akkordlohn-
systemes. Die Akkordprämie verleitet beim Färben zu Unregelmäßigkeiten, die durch den Augenschein allein direkt nicht
festgestellt werden können. In einem sehr großen Betriebe,
welcher auf sein ausgearbeitetes Prämiensystem sehr stolz war,

wurde nur dann noch gespült, wenn die Partie zufällig in einer nahe der Wasserleitung stehenden Zentrifuge geschleudert wurde, wenn also in der Zentrifuge gespült werden konnte! Die verschiedenartigen Lohnsysteme erfahren die verschiedenste Beurteilung, da sie schon durch den Arbeiterwechsel in den Färbereien allgemeiner bekannt werden.

Beim Zeitlohn ist eine ständige Kontrolle, Beaufsichtigung und Anleitung der Arbeiter in der Färberei erforderlich. Es liegt also im Geschäftsinteresse, den Vorarbeiter einer Gruppe an der Erzielung möglichst großer Leistungen zu interessieren. Ob dies am besten durch erhöhten Zeitlohn oder durch Gewährung von Prämien geschieht, wird in der Praxis verschieden beurteilt und gehandhabt.

Da die Arbeiterorganisationen für den Zeitlohn kämpfen, dürfte der Weg, den Vorarbeiter für erzielte höhere Leistungen durch finanzielle Vorteile, erhöhten Zeitlohn oder Prämiensystem (auch Jahresprämien), zu entschädigen, für die Folge wohl der am meisten Aussicht versprechende zu sein, die Arbeitsleistung einer Färberei zu heben.

III. Die Baumwolle.

Die Baumwolle ist die wichtigste Textilfaser. Sie ist ein Samenhaar und wird gewonnen von den verschiedenen Baumwollpflanzen (Gossypiumarten). Die mittlere Länge der Fasern wird als Stapel bezeichnet. Man unterscheidet langstapelige (25—40 mm) und kurzstapelige (10—25 mm) Baumwolle.

In der Spinnerei nicht sorgfältig verarbeitete Baumwolle oder geringwertige Baumwollgarne enthalten oft noch Samenteile, die als schwarze Noppen in der Faser eingesponnen sind. Derartige Garne müssen für hellere Farben gebleicht werden, um die schwarzen Noppen farblos zu bleichen.

Baumwolle besteht aus nahezu reiner Zellulose. Sie ist hygroskopisch und enthält im lufttrockenen Zustande stets einen gewissen Prozentsatz Wasser. Der normale Feuchtigkeitsgehalt ist $8,5\,^0/_0$. Die Feststellung des Feuchtigkeitsgehaltes der Baumwollgarne des Handels geschieht in den Konditionieranstalten. Die Baumwolle ist gegen kaltes Wasser nicht empfindlich. Ist das Garn rein, z. B. gebleichte Baumwolle, so wird die Baumwolle schon von kaltem Wasser genetzt. Rohbaumwolle muß dagegen zum Netzen mit Wasser abgekocht werden. Längeres Dämpfen und Erhitzen mit Wasser auf höhere Temperatur $(150^0 =$ ca. 5 Atm.) schwächt die Faser.

Verdünnte kalte Alkalilösungen wirken auf Baumwolle nicht ein. Konzentrierte Alkalien schrumpfen die Faser ein und bewirken eine erhöhte Aufnahmefähigkeit für Farbstoffe. Durch Behandlung des Baumwollgarnes mit kalter konzentrierter Alkalilauge unter gleichzeitiger Spannung entsteht ein seidenartiger Glanz auf dem Baumwollgarn, die mercerisierte Baumwolle. Heiße verdünnte Alkalilauge ist für Baumwolle nicht schädlich (Bäuchprozeß). Bei Gegenwart von Luft wird dagegen die Baumwolle bei der Behandlung mit heißer verdünnter Alkalilauge geschwächt.

Säuren wirken sehr leicht auf Baumwolle ein. Durch Tränken mit verdünnter Schwefelsäure, Trocknen und Erhitzen, wird die Baumwolle unter Bildung von Hydrozellulose zerstört. Diese Methode wird bei der Karbonisation zur Entfernung der Baumwolle aus wollenen Geweben benutzt. Heiße verdünnte Schwefelsäure vermindert ebenfalls die Festigkeit der Baumwolle. Konzentrierte Salpetersäure hat mercerisierende Wirkung.

Ähnlich wie Säuren wirken saure Salze, bezw. bei der Zersetzung Säure abspaltende Salze (Magnesiumchlorid). Von dieser Wirkung macht man Gebrauch bei der St. Gallener Luftstickerei (Präparierung der Brenngaze)·

Organische Säuren wirken milder. Essigsäure und Ameisensäure sind ohne Einfluß. Dagegen wirkt Oxalsäure, Weinsäure, Zitronensäure schon bemerkbar auf Baumwolle ein.

Baumwolle ist gegen Neutralsalze indifferent. Aus Gerbstoff- und Farbstofflösungen, besonders Lösungen kolloidaler Natur, entzieht sie die Gerbstoffe und Farbstoffe.

Während die technischen Reduktionsmittel keinen merklichen Einfluß auf Baumwolle haben, wirken Oxydationsmittel schwächend auf die Faser ein. Es bildet sich Oxyzellulose. Durch zu starke Behandlung mit Chlorkalk beim Bleichen wird so das Baumwollgarn geschwächt.

Die Baumwolle wird in Strang verarbeitet als Garn, Band oder Litzen und Riemen.

In der Weberei werden die verschiedenartigsten Baumwollsorten und Garne verwendet. Die wichtigsten Baumwollsorten sind die amerikanische Baumwolle (Louisianagarne) und die ägyptische Baumwolle (Maccogarne). Maccogarn besitzt eine gelbliche Farbe. Die Baumwollgarne werden mit sehr verschiedener Drehung und Zwirnung hergestellt. Die Drehung selbst erfolgt in verschiedener Richtung (rechts- und linksgedrehtes Garn).

Mule, Medio und Water bilden einfache Fäden mit loser, mittlerer und fester Drehung. Watergarne dienen für Kettzwecke. Soft Soft, Soft, Usual, Double, Zwirn, Sewing, Perlgarn sind zweifach zusammengezwirnte Fäden. Softgarne sind weich mit loser Drehung, Sewing ist fest gedreht. Durch Zusammenzwirnen mehrerer z. B. 6 oder 9 Fäden wird die Biese gebildet. Kordonet wird aus Zwirn hergestellt, und zwar durch Zusammenzwirnen mehrerer Zwirnfäden.

Die Garne werden in verschiedener Feinheit verwendet. Die Feinheit des Baumwollgarnes wird durch die Garnnummer bezeichnet. Die Garnnummer gibt an, wieviel Stränge von 840 Yards (768 Meter) Länge auf 1 Pfund englisch (453,6 Gramm) gehen.

Die Garne werden von den Spinnereien verschieden gehaspelt. Man unterscheidet gewöhnlichen Haspel und Kreuzhaspel. Für Eisengarn wird die Baumwolle in besonderen Fitzen (2 leas) gehaspelt.

Die Färberei erhält die Baumwolle zur Verarbeitung in der von den Spinnereien üblichen Verpackung als Bündel. Das Gewicht eines Bündels beträgt 10 Pfund englisch $= 4^1/_2$ Kilogramm.

IV. Die mechanischen Arbeiten der Baumwollstrangfärberei.

Das Fitzen der Baumwolle.

Das Fitzen der Garne. Die erste Arbeit der Färberei ist das Fitzen. Das „Fitzen" bezweckt das Aufmachen des Baumwollbündels in eine handliche zur Verarbeitung in der Färberei geeignete Form und ein Zusammenhalten der einzelnen Garnstränge während der Verarbeitung.

Das Aufmachen, Öffnen der Bündel geschieht in der Weise, daß die Umpackungsschnüre entfernt werden. Die äußere Garnschnur wird durch Losziehen des Knotens geöffnet, während die inneren Schnüre direkt am Knoten durchgeschnitten werden. Das Aufschneiden geschieht in der Längsrichtung des Garnes, damit keine Fäden quer durchgeschnitten werden. Die Schnüre werden sortiert gehalten und später wieder zum Packen der fertigen Ware verwendet.

Von jedem Bündel werden in der Regel 10 Halben $=$ 10 Pfund engl. gefitzt.

Ein Bündel 40/2 Zwirn enthält z. B. 20 Docken à 10 Stränge. Je zwei Docken werden zusammengefitzt. Ein Bündel 40/2 Zwirn ergibt also 10 Halben $=$ 10 Pfund engl. zu je 20 Strängen.

Weitere Beispiele:

80/2 Zwirn per Bdl. $=$ 20 Docken zu je 10 Strängen. 2 Docken geben 1 Pfd. engl. $=$ 1 Halb $=$ 20 Strängen.

30/1 Water per Bdl. = 30 Docken zu je 10 Strängen. 3 Docken geben 1 Pfd. engl. = 1 Halb = 30 Strängen.

16/1 Water per Bdl. = 16 Docken zu je 10 Strängen. 16 Stränge geben 1 Halb = 1 Pfd. engl.

Welcher Verarbeitung das Garn in der Färberei unterworfen wird, je nachdem wird jedes Pfund engl. verschiedene Male unterbunden.

Da die Fitzschnüre ein Verwirren der Garnfäden verhindern sollen, so werden Garne, die nur wenige Manipulationen durchzumachen haben, nur wenige Male unterbunden. Garne, die sehr zahlreichen Arbeitsprozessen unterworfen sind, werden hingegen mehrfach gefitzt, d. h. kreuzweise durchschlungen. So wird z. B. bei Garn für Bleiche, welches eventl. in einer Tour hintereinander im Kessel gekocht, gechlort, gesäuert und geseift, aber während dieser Operationen nicht bewegt wird, nur jedes Pfund engl. einfach umschnürt (Rundfitz), oder nur einmal unterbunden. Garne für Färberei werden in der Regel vier mal durchgefitzt, 30/1 Wat. z. B. mit 30 Docken p. Bdl., oder 3 Docken je Halb dreimal durchgefitzt. Für Türkischrot mit seinen vielen Arbeitsprozessen wird Strang für Strang unterschlungen. Der Anfang- und Endstrang wird abgeknotet, damit bei der Verarbeitung das Garn wieder leicht Strang für Strang geordnet, „auf den Bendel gelesen" werden kann. Das Abknoten des ersten und letzten Stranges hat auch noch den weiteren Zweck, daß durch Abschneiden der abgeknoteten Endstränge leicht ein Strang „abgefitzt" werden kann. Es geschieht dies, wenn durch den Färbeprozeß eine Erschwerung des Garnes stattgefunden hat, und die Bündel nach Gewicht verkauft werden (Türkischrotfärberei). Eine feinere Garnnummer wird so zu einer gröberen gefitzt z. B. 22/1 Wat. mit 22 Strängen je Halb durch Abfitzen von 2 Strängen zu 20/1 Wat. mit 20 Strängen.

Bei vielen mercerisierten Garnen ist ein zu oftmaliges Durchfitzen nicht vorteilhaft. Wird nämlich beim späteren Verarbeiten auf der Barke nicht sehr exakt hantiert, so verziehen sich die Stränge gegeneinander, der Fitzfaden wird auch schief verzogen, und schließlich kann durch ungleiches Umziehen das ganze Halb verwirrt werden, so daß später in der Spulerei Klagen entstehen. Bei mercerisierten Garnen genügt deshalb oft einfacher Rundfitz oder einmaliges Durchfitzen.

Als Fitzschnüre werden verschiedene Garne benutzt. Geeignet ist ein dickerer gezwirnter Faden z. B. 4/2 Sew. Eine Garndocke wird an einer Stelle durchschnitten und die einzelnen Fäden ergeben dann die in der Länge gebräuchlichen Fitzfäden. Das

Fitzgarn wird zweckmäßig vorher abgekocht und gestärkt. Mit den angestärkten Fäden läßt sich besser fitzen.

Zum Fitzen wird Rohgarn benutzt. Zuweilen wird jedoch auch gefärbtes Garn verwendet z. B. zum Umfitzen der Docken für mercerisiertes Garn. Ähnlich werden auch die einzelnen Stränge bei bestimmten Garnen von den Spinnereien mit blauen oder roten Fäden umschnürt. Der Blau- oder Rotfitz dient in diesem Falle zur Unterscheidung der Qualität. Die gefärbten Fäden müssen echtfarbig sein. Es wird jedoch teilweise, so selbstverständlich diese Forderung auch ist, unecht gefärbtes Garn verwendet. Schon durch das Abkochen der Baumwolle bilden sich dann blaue oder rote Flecken im Garn.

Die Ausführung des Fitzens geschieht am Fitzreck, einer über zwei Gestellen gelegten Stange, oder auch an den in der Färberei gebräuchlichen Wringpfählen, die alsdann meist derart niedrig befestigt sind, daß das Fitzen sitzend ausgeführt werden kann.

Das Fitzen wird in der Regel von jugendlichen Arbeitern oder von Arbeiterinnen im Akkordlohn ausgeführt.

Das Fitzen von Litzen oder Band. Das gewebte Band (Taffetband für Bindebänder z. B.) oder die geflochtenen Litzen (z. B. Litzen oder Riemen für Schnürriemen) werden nach der Fabrikation aufgehaspelt. Die Haspellänge bei Band oder Litzen ist bedeutend größer wie bei Garn. Ähnlich wird auch Leinen oder Jutegarn länger wie Baumwollgarn gehaspelt. Das Aufhaspeln kann einfach, oder auch mit z. B. zwei oder drei Enden geschehen. Es werden dann zwei oder drei Bänder oder Litzen zu gleicher Zeit aufgedreht, und später auch zusammen wieder abgehaspelt. Das aufgehaspelte Material wird mit den Enden des Bandes an einer Stelle umwickelt, umdreht und festgesteckt. In der Regel erhalten die Färbereien die Ware in einer derartigen Aufmachung.

Derartige Halben werden in der Färberei aufgemacht, die Umdrehung losgewickelt, und alsdann müssen die Enden des Bandes an der letzten Umdrehung, Haspelung, angeknotet werden. Dieses „Ortende" wird beim Fitzen abgefitzt, so daß später die Stelle sofort gefunden werden kann, an der das Band wieder abgehaspelt, „abgezogen" wird.

Zum Fitzen von Band oder Litzen werden stärkere Fäden benutzt z. B. leinene Schnüre.

Bei Taffetband schließt sich an das Fitzen noch eine weitere Arbeit an. Durch das Aufhaspeln des Bandes bilden sich besonders bei breiteren Bändern ganze Lagen des Materials, Stellen, an denen das Band vielmals genau übereinander liegt. Für die meisten Farben würden diese oft mehrere Zentimeter dicken Lagen nicht durchfärben. Die einzelnen Lagen des Bandes müssen voneinander entfernt werden. Dies geschieht durch ein Auseinanderschütteln, das sog. „Blättern" des Bandes.

Die Kennzeichnung der Garnsorten. In den Färbereien werden die verschiedenartigsten Garnsorten und Qualitäten zu gleicher Zeit verarbeitet. Unterschiede der Drehung des Garnes bei mehreren Partien lassen sich leicht erkennen. So werden Water, Zwirn, Softgarne kaum durcheinander kommen können. Anders, wenn es sich um verschiedene Partien handelt, bei denen die Garnnummer nahe zusammenliegt z. B. 20/1 und 30/1 Water. Noch schwieriger sind die Unterschiede, und für den Färber durch Inaugenscheinnahme meist überhaupt nicht erkennbar, wenn es sich um gleiche Garnnummern, jedoch verschiedene Garn-Qualitäten verschiedener Kunden handelt. Zuweilen sind die verschiedenen Garnsorten durch Blau- oder Rotfitz der Stränge kenntlich. Um zu verhindern, daß die verschiedenen Partien bei der Verarbeitung durcheinander kommen können, und um in einem solchen Falle — die Möglichkeit hierzu liegt besonders bei vielen kleineren Partien oft vor — die einzelnen Garne wieder erkennen zu können, müssen die verschiedenen Partien ähnlicher oder gleicher Garnsorten auf geeignete Weise gekennzeichnet sein.

Durch ein verschiedenes Fitzen wird schon eine Unterscheidung möglich. So wird z. B. 20/1 Water mit 20 Docken im Bündel viermal durchfitzt, dagegen 30/1 Water mit 30 Docken im Bündel nur dreimal. Die verschiedenmalige Durchschnürung der Fitzfäden im Halb läßt also eine schnelle Unterscheidung der Garnsorten zu. Bei gleichen Garnen kennzeichnet man durch eine verschiedene Anzahl Knoten der Fitzfäden.

Eine zuverlässige Kennzeichnung der Partien ist besonders in den Lohnfärbereien mit ihrer meist sehr großen Anzahl kleiner Farbpartien eine unbedingte Notwendigkeit.

Das Netzen der Baumwolle.

Das Netzen des Baumwollgarnes wird erreicht durch das Abkochen, das Netzen auf der Barke und in bestimmten Fällen wird die trockene Baumwolle im Färbebad selbst genetzt.

Das Abkochen. Das Baumwollgarn wird in geeigneter Form mit Wasser, ohne, oder mit Zusatz von Soda, Natronlauge, Türkischrotöl usw. gekocht. Durch das Kochen wird das Netzen, bei Mitverwendung von Soda usw. auch eine gleichzeitige Reinigung des Baumwollgarnes erzielt.

Das Abkochen geschieht in größeren Kochkesseln, ähnlich den Bleichkesseln oder in besonderen Holzbottichen. Jedoch kann das Abkochen auch in jeder gewöhnlichen Barke vorgenommen werden. Wird in gewöhnlichen Barken abgekocht, so wird, wenn auf dem Boden der Barke sich keine Holzhorde befindet, die Ventilecke der Barke mit kleinen Brettern schräg zugestellt, damit die Garnknudel beim Spülen das Ventil nicht zusetzen.

Um beim Abkochen eine Verwirrung der Baumwolle zu vermeiden, muß das Garn in geeigneter Weise in den Kessel gepackt werden. Bei größeren Kesseln und größeren Partien wird die Baumwolle in den Kessel „gesetzt", in der Weise, daß reihenweise die Baumwollhalben schrägstehend nebeneinander geschichtet werden. Die verschiedenen Garnsorten werden durch Querlegen der letzten Halben jeder Partie oder durch Kordel (Schnüre) abgezeichnet. Ist der Kessel vollgepackt, so wird das Garn mit einem Siebe, der Horde, bedeckt und dieses mit Gewicht, Steinen oder dergl. beschwert oder durch seitliche Haken festgesteckt, damit die Baumwolle vollständig festliegt und nicht durcheinander gekocht werden kann. Werden auf diese Weise die Abkochkessel „gesetzt", so müssen diese zweckmäßig mit einem Überkochrohr versehen sein, um eine gute Zirkulation im Kochkessel zu erzielen.

Für die meisten Zwecke genügt ein einfaches Abkochen mit Wasser.

Die Kochdauer richtet sich darnach, wie fest das Garn eingepackt wurde. Ein sehr fest gepreßtes Material wird schwerer genetzt werden, als lose nebeneinander geschichtetes Garn. Bei gewöhnlich gepackten Kesseln genügt ein zweistündiges Kochen mit Wasser. Bei sehr fest gesetzten und gepackten Kesseln muß drei bis vier Stunden gekocht werden, damit auch die festgepreßten Stellen, an denen keine gute Zirkulation stattfindet, genetzt werden,

Nach dem Kochen wird mit kaltem Wasser gespült. Bei eisernen Kochkesseln wird dies derart ausgeführt, daß oben kaltes Wasser zuläuft, während unten das Ablaufventil geöffnet wird. Auf diese Weise ist das Garn stets mit Wasser bedeckt und kommt nicht mit den heißen Teilen der Kesselwandung trocken in Berührung, wodurch ein Antrocknen des Garnes und eine Fleckenbildung beim Färben vermieden wird.

Eine weitere Art, die Baumwolle in den Kochkessel oder die Abkochbarke einzupacken, ist das „Knudeln" der Garne. Die Garne werden kugelartig zusammengedreht, zu den sog. „Knudeln". Damit diese Knudeln gleichmäßig festgedreht sind und keine lose hängenden Garnteile aufweisen, die beim Kochen ineinander verwirren, wird das Garn am exaktesten vorher am Wringpfahl mit der Hand schwach angestreckt, aufgekappt und dann zu den Knudeln zusammengerollt. Verschiedene Garnsorten oder Partien werden durch ein verschiedenartiges Knudeln gekennzeichnet. Man knudelt halbenweise oder paarenweise, d. h. ein oder zwei Pfund werden zu einem Knudel zusammengedreht. Weiter können zwei Arbeiter halbenweise zweifach das Garn ineinander ketten zu einem Doppelknudel, zuweilen „Sachsen" genannt. Bei kleineren Partien reiht man die Knudel auf eine Schnur zusammen und hält so die Sorten auseinander. Das Garn kann dann weiter, ohne zu einem Knudel gedreht zu werden, am Wringpfahl einfach halben- oder auch paarenweise lang festgedreht, „aufgekappt" werden. Ferner lassen sich von den Halben Schleifen und auch längere Ketten bilden.

Die Aufmachung des Garnes für das Abkochen ist also derart verschieden, daß selbst eine größere Anzahl Sorten leicht auseinander gehalten werden können. Hinzu kommt noch, daß sich verschiedene Garne schon durch ihre eigene Naturfarbe unterscheiden. So kann eine Partie weißes Baumwollgarn auf gleiche Weise geknudelt werden, wie eine Partie gelbe Macco-Baumwolle. Das weiße und gelbe Garn ist schon durch seine Farbe gekennzeichnet. Mercerisiertes und gewöhnliches Garn unterscheiden sich praktisch schon durch den Glanz.

Das Knudeln und Aufkappen des Garnes ist vorzuziehen und unbedingt erforderlich, wenn es sich um leicht kräuselnde Garnsorten (Perlgarne, hart gedrehte Sewingsorten) handelt, die bei einem Abkochen in loser Aufmachung etwas einlaufen und bei der weiteren Verarbeitung sich dann stark kräuseln und zusammendrehen oder zusammenringeln. Das gleiche gilt für das Netzen des Papiergarnes und das „Einbrennen" der Wolle, welche Fasern man zur Vermeidung obigen Übelstandes bündelweise oder fest zusammengepackt mehrere Stunden oder über Nacht in kochendem Wasser eingelegt erkalten läßt.

Das Abkochen der Knudel geschieht auf zweierlei Art.

Sehr oft findet man die Methode, daß die Knudel in die kochende Abkochbarke geworfen werden. Die Garnknudel sinken dann in dem Maße, wie sie sich netzen, langsam unter. Auf diese Art ist das Garn sehr lose gelagert und das Abkochen ist in ca. einer Stunde beendet.

Trotzdem man diese Abkochmethode vielfach findet, ist dieselbe nicht zu empfehlen, sondern von ihr abzuraten. Das beim, Abkochen lose befindliche Garn kann zu leicht ineinanderkochen die Fäden können sich verwirren. Nur lose gedrehte Knudel öffnen sich und verfilzen durch das Kochen.

Richtiger ist es deshalb, wenn die Knudel mit einem Siebe, Horde (Holz- oder Eisensieb) bedeckt werden. Das Sieb wird mit Steinen beschwert. Dadurch liegt das Garn fest, und ein Ineinanderkochen ist ausgeschlossen.

Je nachdem die Knudel nebeinander geschichtet oder lose in den Abkochkessel geworfen werden, je nachdem ist auch die Menge des Garnes, welches in einem bestimmten Bottich abgekocht werden kann, verschieden.

Für 200 Pfd. engl. (90 kg) ist bei gewöhnlichem Arbeiten z. B. ein 500 Liter-Bottich oder Barke groß genug. Ein einstündiges Abkochen genügt in der Regel. Zum Abkochen der Knudel gebraucht man etwas weniger Zeit, wie wenn das Garn in den Kessel nebeneinander geschichtet, „gesetzt" wird. Dagegen ist das Setzen des Garnes und das Entleeren eines derartigen Kochkessels viel schneller ausführbar als das Knudeln und das Wiederöffnen der Garnknudel. Außerdem dauert das Spülen mit kaltem Wasser nach dem Abkochen bei geknudeltem Garn viel länger, da das Wasser in die festgedrehten runden Knudel nur sehr langsam eindringt.

Das abgekochte Garn soll möglichst schnell verarbeitet werden. Tagelanges feuchtes Liegen kann auf die Egalität beim Färben ungünstig wirken. Man kocht deshalb am besten nur den Bedarf für ein bis drei Tage ab.

Das Netzen des Baumwollgarnes auf der Barke. Das Netzen des Baumwollgarnes kann auch ohne Abkochen auf der Barke geschehen. Das trockene Garn wird aufgestockt, d.˙h. je 2 Pfund werden auf einen Stock, „Umzieher", gebracht und eine Partie Garn alsdann auf einer Barke naßgezogen. Mercerisiertes Garn kann in kochendem Wasser ohne jeden Zusatz genetzt werden. Für mercerisierte. Garne ist ein Naßziehen auf der Barke besonders dann zu empfehlen und einem eventl. Abkochen in Knudelform vorzuziehen, wenn es sich um die Herstellung heller, schwer egalisierender Farben handelt. Gewöhnliches Baumwollgarn wird in kochendem Wasser durch Umziehen auf der Barke nicht genügend genetzt.. Für gewöhnliche Baumwolle wird deshalb dem Bade 2—3 g Türkischrotöl oder gleichwertige andere Präparate pro Liter Wasser zugesetzt. Bei Gebrauch von Türkischrotöl muß kalkfreies Wasser verwendet werden. Nach dem Netzen wird das Garn in kaltem Wasser gespült. Wird allein in kochendem Wasser genetzt, so fällt das Spülen fort.

Das naß gezogene Garn wird in eine leere Barke gehängt zum Abkühlen.

Diese Methode des Netzens auf der Barke mit Türkischrotölzusatz hat den Vorteil einer kürzeren Arbeitsdauer als das Abkochen. Bei eiligen Partien kann auf diese Art das Garn schnell genetzt werden. Andererseits steht diesem Vorteil der Nachteil einer bedeutend größeren Arbeit gegenüber, denn das Aufstocken, Naßziehen, Kaltziehen und Wiederabstocken, „Abstellen", des Garnes nimmt viel Arbeitszeit in Anspruch. Durch das Türkischrotöl erhält das Garn einen weichen Griff, der nicht immer erwünscht ist. Außerdem wirkt Türkischrotöl für das Aufziehen mancher Farbstoffe auf die Faser verzögernd. Dies ist z. B. der Fall bei einigen Küpenfarbstoffen. Wird ein Teil einer Partie unter Türkischrotölzusatz naßgezogen und dann mit anderem abgekochten Garn zusammen gefärbt, so wird bei bestimmten Farbstoffen die Farbe des abgekochten Garnes wesentlich dunkler ausfallen.

Das Netzen des Baumwollgarnes kann weiter im Farbbad selbst geschehen. Dies Verfahren ist aber nur geeignet bei Farbstoffen, die leicht egalisieren. Anwendbar ist diese Methode z. B. bei substantivem Schwarz. Dem Farbbad wird Türkischrotöl oder dergl. zugegeben und mit der trockenen Baumwolle kochendheiß eingegangen. Türkischrotölhaltige Farbbäder sind jedoch nicht allzulange haltbar. Zudem werden die Farbbäder durch die Verunreinigungen des trockenen Garnes verschmutzt. Die alten Farbbäder müssen deshalb öfter erneuert werden.

Gebleichte Garne netzen sich im kalten Wasser. Trockene gebleichte Garne brauchen nicht besonders genetzt zu werden, man kann mit dem trockenen Garn direkt in das Farb- oder Beizbad eingehen.

Abkochen der Baumwolle in Verbindung mit einem Färbe- und Beiz-Prozeß. Das Abkochen des Baumwollgarnes kann im Kochkessel gleichzeitig mit bestimmten Beiz- und Färbe-Methoden vereinigt werden. Als Beispiel sei das Abkochen bei der Eisengarnfabrikation für Blau oder Schwarz angeführt. Das Garn wird im Kessel mit Blauholzextrakt unter eventl. Zusatz von Kastanienextrakt abgekocht. Während des Abkochens wird also zu gleicher Zeit das Garn mit dem Farb- und Gerbholzextrakt gefärbt und gebeizt.

Kochflecke. Beim Abkochen der Baumwolle macht sich oft ein großer Übelstand unangenehm bemerkbar, die Kochflecke. Die Baumwolle zeigt nach dem Abkochen zuweilen in geringerem oder größerem Maße bunt zerstreut, meist braun gefärbte Flecke.

Diese Kochflecke sind für dunklere Farben oder Schwarz ohne besondere Bedeutung, da man sie nach dem Färben nicht mehr sieht. Dagegen kann für hellere Nuancen derart beflecktes Garn nicht direkt gefärbt werden, da die Färbung sonst streifig und unegal wird. Die beim Kochen der Bleiche mit Natronlauge entstehenden Kochflecke sind meist ohne besondere Bedeutung, da die Kochflecke durch die nachfolgenden Operationen des Chlorens und Absäurens entfernt werden.

Die Ursachen der Kochflecke. Die Kochflecke können durch verschiedene Umstände verursacht werden. Zuerst kann der Grund zur Entstehung der Kochflecke im Material selbst liegen. Es zeigen sich so die Kochflecke, wenn z. B. minderwertige, stark gelb gefärbte und verunreinigte Baumwollgarnsorten abgekocht werden. Die Kochflecke treten oft auf, wenn in einem Kochkessel neben einer größeren Menge weißen Baumwollgarnes einige Partien gelber verunreinigter Baumwolle mit abgekocht werden.

Die Kochflecke können verursacht sein durch den Kochkessel. Die Fleckenbildung zeigt sich bei neuen eisernen Kochkesseln. Neben den eigentlichen Kochflecken bilden sich hier auch Rostflecke. Diese Fleckenbildung der neuen Kessel hört erst auf, wenn sich durch den Gebrauch eine schützende Kesselsteinschicht auf dem Eisen abgelagert hat.

Kochflecke treten auch dann auf, wenn in eisernen Kesseln, die in der Regel zum Bäuchen der Bleiche mit Natronlauge benutzt werden, Baumwolle mit Wasser abgekocht wird. Die im Kessel noch vorhandenen Schmutzteile verursachen Fleckenbildung. Besonders stark tritt diese auch dann auf, wenn zum Zudecken des Garnes beim Abkochen mit Wasser die Kochlappen benutzt werden, mit denen das Bleichgut beim Bäuchen zugedeckt war.

Die Fleckenbildung kann ferner durch das Wasser verursacht werden. Nach Regenperioden, die auf den Wasserstand der Brunnen von Einfluß sind, zeigt sich das Auftreten der Kochflecke. Stark kalkhaltiges Wasser bildet mit den Verunreinigungen der Baumwolle unlösliche Niederschläge, Kalk und Magnesiasalze, welche die Kochflecke verursachen.

Nicht zuletzt ist dann auch das Einpacken der Kochkessel von wesentlicher Bedeutung für das Auftreten der Kochflecke. Bilden sich beim Abkochen Kanäle im Garn, so werden gerade in der Nähe dieser Kanäle Kochflecke auftreten. An den Stellen findet eine intensivere Zirkulation der Lauge und damit eine Ablagerung der Verunreinigungen statt.

Die Verhütung der Kochflecke. Die Abkochkessel müssen rein von Verunreinigungen vorhergehender Abkochungen sein. Neue eiserne Kochkessel werden zweckmäßig mit Kalk angestrichen, ebenso die Siebe, die zum Abdecken der Baumwolle dienen. Zur Sicherheit kann bei erstmaligem Gebrauch der Kessel noch mit Kochlappen (Juteemballage oder dergl.) ausgelegt werden.

Beim Kochen der Bleiche mit Natronlauge wird zweckmäßig stets das Garn mit Kochlappen zugedeckt. Die Lappen wirken dann bei der durch das Überkochrohr bewirkten Zirkulation der Lauge als Filtertücher und halten Verunreinigungen schon zurück.

Das Einpacken der Kochkessel hat gleichmäßig zu geschehen, damit nicht durch ein ungleichmäßiges Lagern des Garnes während des Abkochens Kanäle entstehen, in denen eine besonders starke Zirkulation stattfindet, wodurch die Möglichkeit der Bildung der Kochflecke gegeben ist.

Zum Abkochen diene möglichst weiches Wasser. Ist dieses nicht vorhanden und muß mit gewöhnlichem kalkhaltigen Wasser gearbeitet werden, wie dies in Lohnfärbereien in der Regel der Fall ist, so ist z. B. beim Kochen der Bleiche mit Natronlauge ein Zusatz von Türkischrotöl (oder Türkischrotölpräparaten) vorteilhaft. Der Türkischrotölzusatz verhindert die Bildung der Kochflecke. Beim Abkochen mit kalkhaltigem Wasser allein kann Türkischrotöl nicht verwendet werden. In diesem Falle müssen kalkunempfindliche Türkischrotölpräparate benutzt werden, wie Monopolseife usw. Das Abkochen des Baumwollgarnes geschieht in den Lohnfärbereien jedoch meist mit Wasser allein, ohne jeden Zusatz.

Die Beseitigung der Kochflecke. Für helle Farben müssen die Kochflecke vor dem Färben entfernt werden, um gleichmäßige Färbungen zu erhalten. Es geschieht dies durch Absäuren, z. B. für 100 Pfd. engl. in 1000 Liter Wasser mit ein bis zwei Liter Schwefelsäure. Nach dem Absäuren muß gut mit Wasser gespült werden.

Das Entwässern des Baumwollgarnes.

Das durch das Abkochen oder durch das Naßziehen auf der Barke genetzte Garn muß zum Färben weiter vorbereitet werden. Die vom Abkochen kommende Baumwolle enthält eine größere Menge Wasser. Das Garn ist zudem verschieden naß, wenn es in größeren Stapeln gelagert hat. Die unteren Lagen eines solchen Stapels sind nasser wie die oberen Lagen. Zur Entfernung des überschüssigen Wassers muß das Garn deshalb entwässert werden. Dies kann mit der Hand geschehen, durch das Abwringen (Abwinden), oder mechanisch durch das Schleudern des Garnes.

Praktisch wird das Garn vor dem Färben und nach dem Färbeprozeß, vor dem Trocknen, in Zentrifugen geschleudert. Das Abwringen mit der Hand ist jedoch in der Praxis trotz der mechanischen Arbeit der Zentrifuge nicht überflüssig geworden. Viele Schwefelfarbstoffe, Küpenfarbstoffe usw. müssen nach dem Färbeprozeß am Wringpfahl gewrungen und egalisiert werden. Das Abwringen ist deshalb eine besonders für die Echtfärberei noch sehr wichtige Manipulation. Zur Entfernung überflüssiger Farbflotte dient auch ein Abquetschen des Garnes.

Das Abwringen. Das Abwringen (Abwinden, Auswringen, Ausringen) des Baumwollgarnes geschieht am Wringpfahl (Windarm, Winddocken), einem wagerecht an einer Säule oder an der Wand befestigtem runden Pfosten. Unter dem Wringpfahl wird ein Wringkübel zum Auffangen des ausgewrungenen Wassers aufgestellt. Das Garn wird zweipfundweise an den Wringpfahl gehängt, die Stränge werden geordnet, „auf den Bendel gelesen", dann wird das Garn nach vorne zusammengeschoben, ein Wringholz (Ringholz, Windnagel) durchgesteckt und gewrungen. Das Abwringen geschieht durch ein Drehen des Garnes mit dem Wringholz. Weiter wird das Garn um etwa die Hälfte seiner Länge verschoben und wieder gewrungen. Die beim ersten Wringen am Wringpfahl und Wringholz befindlichen Stellen des Garnes liegen beim zweiten Wringen zwischen Wringpfahl und -Holz. Durch das Verschieben werden so sämtliche Teile des Garnes gleichmäßig abgewrungen. Man wringt das Garn z. B. zwei bis viermal ab.

Das Eintrocknen oder Egalisieren des Garnes am Wringpfahl wird auf gleiche Weise ausgeführt, nur daß das Garn alsdann nicht ganz so fest (wie beim Wringen) gedreht wird.

Nach dem Wringen wird das Garn entweder direkt aufgestockt oder nach dem Andrehen eines runden oder flachen „Kopfes" auf einer Bank oder dergl. (Garnwagen) aufgestapelt.

Das Schleudern. Durch das Schleudern in der Zentrifuge wird das im Garn enthaltene überschüssige Wasser auf mechanischem Wege entfernt. Das Garn wird in die Zentrifuge eingepackt. Durch die Zentrifugalkraft wird das Garn beim Schleudern an die Wandung des durchlochten Kupferkessels gedrückt, und das Wasser wird durch die Durchlochung der Wandung ausgeschleudert.

Es werden Zentrifugen verschiedener Systeme gebraucht. Zentrifugen mit Oberbetrieb und senkrecht angebrachter Dampfmaschine sind älterer Bauart. Die am meisten verwendeten Zentrifugen sind solche mit Unterbetrieb. Der Antrieb erfolgt durch eine Transmission, oder durch eine direkt wirkende nebenstehende kleinere Dampfmaschine oder einen nebenstehenden Elektromotor.

Die Transmissionsanlage besteht aus der Transmissionswelle, der Transmissionslagerung und den Transmissionsscheiben aus Eisen oder Holz. Die Kraftübertragung erfolgt am gebräuchlichsten durch Riemen (Zahnradbetrieb bei Zentrifugen mit angebauter senkrecht stehender Dampfmaschine). Das Einrücken des Riemens von der Losscheibe auf die Antriebsscheibe geschieht durch Riemenausrücker (Riemengabel). Weiter werden verwendet Riemenaufleger und -abwerfer. Als Treibriemen dienen in der Färberei präparierte Lederriemen, Kamelhaar- und Baumwollriemen. Die Riemenverbindung geschieht durch Zusammennähen, durch Riemenverbinder (Schienen-, Stab-, Schrauben- oder Plattenverbindungen). Die Riemenschrauben verursachen aber durch das Anschlagen an die eiserne Welle der Zentrifugentrommel ein ständiges geräuschvolles Klappern.

Der Riemen muß so gespannt sein, daß er nicht gleiten kann. Neue Riemen kann man bei Zentrifugen anfänglich straff anspannen, da sich dieselben nach kurzem Gebrauch dehnen. Bei neuen Riemen muß durch die erfolgende Dehnung die Riemenverbindung nach einiger Zeit kürzer gemacht werden.

Die Achse des Zentrifugenkessels steht senkrecht. Der Kessel ist durch Gummipuffer elastisch gelagert. Es geht hieraus hervor, daß bei einer ungleichmäßigen Belastung des Kessels die Zentrifuge hin und her schwingt, schlingert und gegen den äußeren Schutzmantel anschlägt.

Hauptbedingung beim Schleudern ist deshalb, daß das Garn gleichmäßig in den Kessel eingepackt wird.

Das Einpacken des Garnes in die Schleuder kann auf sehr verschiedene Art geschehen. Folgende Methode bietet z. B. Gewähr für ein gleichmäßiges Einlagern. Außerdem können, wenn gleichzeitig verschiedene Garnsorten geschleudert werden, diese leicht beim Einlagern abgezeichnet werden. Beim Einlegen von z. B. 100 Pfund engl. werden je 4 Pfund (4 Halben oder 2 Paar) auf den Rand der Zentrifuge gelegt, schwach gedreht und dann in den Kessel gelegt. Man legt eine äußere Reihe 6 mal 4 Pfund, die innere Reihe 4 mal 4 Pfund. Über diese erste Lage kommt auf gleiche Weise eine zweite Lage, und zum Schluß wird die dritte Lage durch 5 mal 4 Pfund gebildet (Fig. 1 u. 2).

Beim Einlegen verschiedener Partien werden die Lagen auf genau gleiche Weise gebildet. Bei der ersten Partie werden die

runden festgedrehten Köpfe der Halben oder Paare nach links
gelegt, bei der zweiten Partie entgegengesetzt nach rechts. Da
die Schleuder in umgekehrter Reihenfolge von oben nach unten
ausgepackt wird, ist so bei vorsichtigem Arbeiten ein Durchein-
anderkommen der Partien ausgeschlossen.

Band und Litzen werden auch stets in der Weise eingelegt,
daß eine gleichmäßige Verteilung des Materials in der Zentrifugentrommel erzielt wird.

Das Ansetzen der Dampfmaschine oder das Anlassen des
Elektromotors beim Schleudern hat langsam zu erfolgen. Die
Kontrolle der Tourenzahl kann durch an die Zentrifuge angebaute
Geschwindigkeitsmesser erfolgen.

Fig. 1.

Fig. 2.

Die Dauer des Schleuderns, und damit der Grad der erzielten
Trockenheit, richtet sich darnach, ob das Garn zum Färben oder
zum Trocknen gelangt. Im ersteren Falle wird nicht so lange
und stark geschleudert. Für das Fertigschleudern des Garnes
nach dem Färben genügt z. B. ein fünf Minuten langes Laufen-
lassen der Zentrifuge. Das Bremsen der Zentrifugentrommel
nach dem Schleudern hat nur mit der an der Maschine angebrachten Bremsvorrichtung zu geschehen. Bremsen der Trommel
mit den Händen, mit Garn oder Lappen ist als äußerst gefähr-
licher Unfug streng zu verbieten.

Die neuen Zentrifugen werden nach den Vorschriften der Textil-
berufs-Genossenschaften mit einem Klappdeckel versehen gebaut.
Hierdurch ist die Zentrifugenlauftrommel während des Betriebes
vollständig abgedeckt. Die Zentrifugen werden auch mit Sicher-
heitsdeckel, Sperrvorrichtung und selbsttätigem Verschluß gebaut,
so daß der Deckel während des Laufens der Trommel nicht geöffnet werden kann. Der Deckel kann an einem Seile über einer
höher gelegenen Rolle mit einem Gegengewicht versehen und
ausbalanciert sein, wodurch ein leichtes Aufklappen des Deckels
ermöglicht wird.

Das Reinigen der Zentrifugenlauftrommel hat nur beim Still-
stehen der Maschine zu geschehen. Die verbreitete gefährliche
Unsitte, die Maschine langsam laufen zu lassen und die Trommel
während des Laufens mit einem hineingehaltenen Lappen zu

reinigen, kann nicht streng genug verboten werden. Das Reinigen geschieht mit Sodalösung oder meist am energischsten mit verdünnter Schwefelsäure.

Die Schleudermaschine wird am besten nur von einem dazu bestimmten Arbeiter bedient, dem auch die Wartung und Reinigung der Maschine obliegt. Die Zentrifugendampfmaschine wird morgens zuerst geschmiert und die Fettbüchsen, Staufferbüchsen usw. nachgesehen und angedreht.

Die Zentrifugen werden vorteilhaft derart in die Erde eingebaut, daß die Zentrifugentrommel von der Erde, dem Fußboden aus, bedient werden kann. Wird die Schleuder nicht in dieser Weise aufgestellt, so muß eine besondere Holzbühne vor der Maschine aufgebaut werden, wodurch das Arbeiten sehr erschwert wird.

Das Abquetschen des Garnes. Zur Entfernung überschüssiger Farbflotte dient auch das Abquetschen der Garne. Es geschieht dies in einfachster Weise, indem das Garn stockweise durch zwei gegeneinander gepreßte Stöcke (Umzieher) oder Quetschhölzer hindurchgezogen wird. Im anderen Falle werden an der Stirnseite der Farbbarke zwei Quetschwalzen angebracht, durch die das auf den Farbstöcken befindliche Garn hindurchgezogen und abgequetscht wird.

Das Abquetschen entfernt die überschüssige Flotte nicht in dem Maße wie ein z. B. zweimaliges Abwringen der Garne. Die Spülbäder nach dem Abquetschen sind deshalb stärker gefärbt, wie bei abgewrungenem Garn. Welche Methode, ob Abwringen oder Abquetschen, angewandt wird, hängt von den besonderen Umständen ab. Zum Abquetschen können ungelernte Arbeiter verwendet werden, während ein exaktes Wringen der Garne schon geübte Arbeiter erfordert.

Das Färben des Baumwollgarnes.

Das Färben des Baumwollgarnes geschieht in der Hauptsache auch durch Handarbeit. Die Apparetefärberei eignet sich nur für große ständig wiederkehrende Partien (Schwarz). Mercerisiertes Garn wird nur selten in Apparaten gefärbt.

Das Aufstocken der Garne. Die geschleuderten Garne werden zum Färben auf die Farbstöcke gebracht, „auf Stöcke gemacht". Das Garn wird am Wringpfahl nach der Durchfitzung der Halben in Ordnung gebracht, „auf den Bendel gelesen", und dann auf einen Farbstock gehängt.

Die Farbstöcke (Umzieher) sind aus Holz, und von verschiedener Dicke. Neue Farbstöcke werden vor Gebrauch mit

Wasser abgekocht, um die Lohe des Holzes, die im aufliegenden Garn Flecke verursacht, zu entfernen. Für Schwefelfarben werden in bestimmten Fällen auch gebogene eiserne Gasrohre verwandt. In der Regel wird das Garn zweipfundweise auf die Farbstöcke gebracht. Je nach der Färbemethode usw. werden jedoch auch z. B. 3, 4 oder 5 Pfund Garn auf einen Stock genommen. Es geschieht dies dann, wenn in sehr kurzen Flotten gearbeitet wird, z. B. beim Beizen mit Tannin, oder wenn das Färbeverfahren und das Egalisieren der Farbstoffe dies gestattet, z. B. bei substantivem Schwarz.

Band, Litzen oder Riemen werden auf gleiche Weise aufgestockt. Da diese Materialien stets fast doppelt so lang gehaspelt sind, wie Baumwollgarn, so wird zum Inordnungbringen der Halben die bestimmte Menge Band auf den Farbstock gebracht, zwischen zwei Böcken oder einem sonstigen Gestell gehängt und alsdann „auf den Bendel gelesen". Wegen des langen Haspels können die gewöhnlichen Wringpfähle nicht zum Anhängen des Bandes benutzt werden.

Ein Inordnungbringen der Halben auf dem Arm, wie es vielfach bei den Arbeitern üblich ist, ist nicht so exakt und sicher, und nicht zu empfehlen.

Das Färben. Das Färben geschieht durch geeignete Behandlung des vorbereiteten Garnes in den Farbflotten. Als Färbegefäße dienen die Farbbarken für größere Partien, und die Farbkübel für kleinere Partien (Kladden).

Die Färbegefäße. Zum Färben größerer Partien werden Farbbarken in den verschiedensten Größen benutzt. Die meist gebrauchten Farbbarken sind aus Pitchpineholz hergestellt. Die jetzt wegen Holzmangels zuweilen hergestellten Kiefernholzbarken sind nicht so haltbar. Bei den in den Baumwollfärbereien gebrauchten Barken sind die Bretter der Seitenwände horizontal gelegt. Die Baumwollbarken unterscheiden sich so meist von den Wollfärbebarken, die höher sind und bei welchen die Holzbretter senkrecht angeordnet werden.

Neben den Holzbarken werden auch Metallbarken benutzt. So verwendet man kupferne Kessel oder auch mit Kupferblech ausgeschlagene Holzbarken. Eiserne Barken werden zum Färben von Schwefelfarben verwendet. Neben den Holzbarken und den Barken aus Metall findet man seltener Zementbarken.

Die Barken sind an einer Ecke mit einem Ablaufventil versehen. Das Aufstellen der Farbbarken geschieht so, daß nach dem Ventil hin ein geringes Gefälle vorhanden ist, so daß die Farbflotten vollständig ablaufen.

Bei den Farbbarken werden verschiedene Ventile benutzt. Die gebräuchlichsten haben folgende Form (Fig. 3 u. 4).

Die zweite Form besitzt eine größere Dichtungsfläche. Zuweilen werden Ventile benutzt, bei denen entsprechend Fig. 4 ein kegelförmiger Zapfen mit einer Gummilage versehen ist, wodurch ein stets dichtes Schließen erreicht wird.

Undichte Barkenventile kann man leicht dicht schließen, indem man mit einem Stück Papier, oder bei Ventilen mit größerer Dichtungsfläche mit einer umgewickelten weichen Schnur (z. B. Fitzfaden) dichtet.

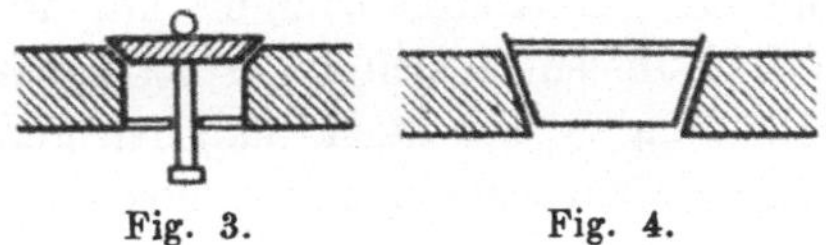

Fig. 3.   Fig. 4.

Holzbarken müssen im Sommer stets mit Wasser gefüllt werden, damit durch das Eintrocknen des Holzes die Barken nicht undicht werden.

Holzbarken werden gereinigt durch Einreiben der Wände mit einer Chlorkalksodalösung und event. Auskochen mit Chlorkalk und Soda. Kupferne Kessel reinigt man mit Schwefelsäure und Ausscheuern mit feiner Asche oder Sand.

Zum Färben kleinerer Partien dienen runde Kübel verschiedener Größe. Die gebräuchlichsten Größen für ein und zwei Bündelpartien haben 100 und 200 Liter Inhalt.

Färbegefäße, welche für dunkle Farben gebraucht werden, können für helle Farben keine Verwendung finden. Beim Färben von Schwefel- und Küpenfarbstoffen ist zu beachten, daß die Schwefelnatrium- und Hydrosulfit-haltigen Färbebäder aus dem Holz der Färbegefäße leicht ältere dunkle Farbstoffe ausziehen. Entsprechend den zu färbenden Farben müssen also entsprechend reine Farbbarken gebraucht werden. Für bestimmte immer wiederkehrende Farben werden deshalb bestimmte Färbegefäße, Barken und Kübel reserviert.

Die Wasser- und Dampfleitung. Die Färbegefäße, Farbbarken usw. stehen in Verbindung mit den Wasser- und Dampfanschlüssen.

Das Wasser ist für die Färbereien das wichtigste Hilfsmaterial. Fast allgemein beschaffen die Färbereien sich das für den Betrieb nötige Wasser selbst. Hierzu dienen die Brunnenanlagen mit den Pumpeinrichtungen.

Die in den Färbereien verbreitetste Pumpmaschine für die Wasserbeschaffung ist der Pulsometer. Der Pulsometer ist dank seiner einfachen Konstruktion als kolbenlose Zweikammerdampfpumpe für die Färbereibetriebe besonders geeignet. Die Arbeit geht derart im Pulsometer vor sich, daß durch die Kondensation des Dampfes in einer Kammer das Wasser aus dem Brunnen angesaugt und alsdann in der anderen Kammer durch den Dampfdruck in die Leitung gefördert wird. Die Regulierung dieser Arbeitsweise geschieht für den Dampf meist durch ein Kugelventil, welches abwechselnd die eine und die andere Kammer absperrt, für das Wasser und die Saug- und Druckleitung durch Gummiklappen. Diese Gummiklappen bilden allein den Hauptverschleißteil der Pulsometer. Betriebsstörungen am Pulsometer treten dann ein, wenn die Luftventile sich zugesetzt haben, was besonders durch Kalkabscheidungen bei stark kalkhaltigem Wasser leicht der Fall ist. Diese Kalkabscheidungen setzen sich auch im inneren engeren Teil der Kammern an und verengen und verstopfen selbst den Dampfzugang. Durch Loslösen und Öffnen der Flanschverbindungen zu den Kammern und Durchstoßen mit einem langen Meißel lassen sich diese Kalkabscheidungen leicht entfernen. Abgesprungene Jenkinsdichtungsteile des Dampfventils können das Kugelventil des Pulsometers festsetzen und eine Betriebsstörung herbeiführen.

Das Wasser wird in ein hochgelegenes Reservoir gepumpt, von wo aus die Hauptleitung mit ihren Abzweigungen in die Färberei führt. Von der Höhe des Wasserstandes im Bassin hängt der Druck in der Färbereileitung und damit auch die Geschwindigkeit des Ausfließens aus den Wasserhähnen ab.

Pumpt der Pulsometer nicht das Wasser in besonderer Leitung zum hochgelegenen Reservoir, sondern direkt in die Färbereileitung, so hat dies den Vorteil, daß in der Wasserleitung der Färberei ein größerer Druck herrscht.

Die Wasserleitung wird zu den Farbbarken in der Weise geführt, daß von einem Wasserhahn aus direkt mehrere Barken bedient werden können. Zu diesem Zweck ist das Ablaufrohr hinter dem Wasserhahn drehbar, und die Zuführung des Wassers zu den Barken geschieht durch zu längeren Rohren zusammensteckbare, in der Regel aus verzinktem Eisenblech gefertigten Wasserrohre.

Als Wasserabsperrhähne werden die verschiedensten Konstruktionen verwendet, wie Kückenhähne und Spindelventile, bei welch letzteren eine Lederscheibe als Dichtungsring dient.

Zum Erhitzen der Beiz- und Färbebäder dient der Dampf.

Die verschiedenen Kesselarten dienen zur Dampferzeugung, wie die Walzenkessel, die Flammrohrkessel, die Heizrohrkessel usw.

Für Färbereibetriebe kommen besonders Großwasserraumkessel in Betracht, da die Dampfentnahme eine sehr schwankende ist.

Vom Dampfkessel geht der Dampf in einer Hauptleitung zur Färberei. Von dieser Hauptleitung zweigen sich, eventl. vorteilhaft durch ein Zwischenventil absperrbar, die Nebenleitungsrohre mit etwas geringerem Rohrdurchmesser ab. Zu den Leitungen in der Färberei sind nur stets bestimmte Rohrweiten zu verwenden und ebenso nur Ventile gleicher Konstruktion, in gleicher bestimmter Größe, damit bei vorkommenden Reparaturen leicht ein schadhafter Teil durch die dann stets gleichen Ersatzteile ausgebessert und ausgewechselt werden kann. Bei Dampfleitungen an den einzelnen Farbbarken werden z. B. 1″ Rohre und ebensolche Ventile verwendet.

Für die Dampfleitungen werden eiserne Rohre verwendet. Durch Zusammenschrauben mit geeigneten Verbindungsstücken werden die Rohre zu einer zusammenhängenden Leitung vereinigt. Als Rohrverbindungsstücke werden Muffen, Verschraubungen und Flanschen gebraucht.

Die Verbindung zweier Rohre mit Muffen ist die einfachste, billigste und am meisten angewandte. Als Dichtungsmaterial für die Gewinde dient Hanf und Mennige (Mennige mit Leinöl zu einem Brei verrieben).

Um bei Reparaturen die Rohrverbindungen neu verpacken, oder um einzelne Teile des Rohrnetzes auswechseln zu können, werden in gewissen Abständen statt der Muffen die sog. Verschraubungen benutzt. Im anderen Falle wären Reparaturen oft nicht möglich, ohne die ganze Rohrleitung auseinander zu schrauben.

Ein Abschrauben einzelner Rohrteile gestatten auch die Flanschverbindungen. Die Dichtung der Flanschen wird erzielt durch die Dichtungsringe. Als Verpackung werden verschiedene Dichtungsmaterialien benutzt: Asbest, Gummi, Metalldichtungsringe mit oder ohne Gummi- oder Asbesteinlage usw. Asbestdichtung ist mit am billigsten. Flanschen mit Gummidichtung müssen mehrmals nach Ingebrauchnahme nachgezogen werden. Gummidichtungen sind nach dem Warmwerden noch zusammenpreßbar. Gummidichtungen quellen, und können engere Rohre leicht zusetzen. Es existieren ferner die verschiedensten Spezialfabrikate in Dichtungsmaterial. Die Metalldichtungsringe, besonders Kupferringe, meist mit Gummi- oder Asbesteinlage, bieten den Vorteil, daß das Dichtungsmaterial sich nicht verschieben, oder aus der Flanschenfläche herauspressen und engere Rohre verstopfen kann, wie dies bei Gummi der Fall ist.

Asbestdichtungsringe werden vor Gebrauch mit Wasser befeuchtet (nasse Asbestringe sind leicht zerreißbar!), oder noch besser mit Öl-Graphitbrei eingerieben. Der Graphitüberzug verhindert ein Anbrennen der Dichtung an den Flanschenflächen. Die Schrauben werden vorsichtig kreuzweise — nicht nacheinander — angezogen.

Färbereiventile werden andauernd stark gebraucht. Die Dichtungsfläche des Ventilkegels und der Ventilsitz sind deshalb großem Verschleiß ausgesetzt. Für Färbereizwecke eignen sich deshalb besonders solche Ventile, die mit auswechselbaren Dichtungsringen versehen sind.

Als Dichtungsringe dienen verschiedene Materialien; Metalldichtungen, präparierte Graphitmasse. Am verbreitetsten und bewährt sind die Jenkinsventile mit den Jenkinsdichtungsringen. Bei Jenkinsdichtungen darf das Ventil nicht zu fest angedreht werden, um ein Springen des Dichtungsringes zu vermeiden.

Zum Einleiten des Dampfes in die Farbbäder dienen die Kochrohre. Für kleinere Gefäße sind diese einfach derart konstruiert, daß das Dampfrohr am unteren Ende mit einer aufgeschraubten Kappe und mehreren eingebohrten Löchern oder Dampfaustrittstellen versehen ist. Für größere Barken werden die Kochrohre am Boden des Färbegefäßes entlang geführt. Die Rohre können an den Seiten des Bottichs entlang geleitet werden, in rechteckiger Form (runder Kranz- oder Spiralform bei runden Bottichen), oder sie gehen einfach am Boden durch die Mitte der Barke. Die Dampfaustrittstellen werden in die Rohre derart gebohrt, daß der Dampf schräg nach unten ausströmt.

Werden die Farbbäder mit indirektem Dampf erhitzt, so wird das Dampfrohr in Schlangenform am Boden liegend geführt. Als Abschluß dient außerhalb der Barke ein Ventil oder Kondenstopf.

Die Verbindung zwischen Heiz- oder Kochrohr und dem Dampfventil ist entweder eine feste durch Flanschenverbindung, oder drehbare durch Kugelgelenke (Schwanenhalsgarnitur), oder das Heizrohr ist abnehmbar, und die Verbindung wird durch einen Bajonettverschluß hergestellt. Die letztere Form ist die gebräuchlichste. Der Bajonettverschlußteil ist entweder direkt am Ventilgehäuse angegossen, oder wird als besonderes Armaturstück zwischengeschraubt.

Im Winter bei eintretendem Frost müssen die Wasserleitungen abends entleert werden, sämtliche Wasser- und Dampfventile sind zu öffnen. Die Rohrleitungen müssen aus diesem Grunde zu den Ventilen hin ein geringes Gefälle haben.

Über den Dampfrohren in den Farbbarken angebrachte Siebböden findet man nur äußerst selten. Dieselben sind auch für gewöhnliche Zwecke entbehrlich.

Das Arbeiten auf der Barke. Durch Bewegung des Garnes im Färbegefäß (Barke oder Kübel) soll die gleichmäßige Berührung des zu färbenden Materials mit der Färbeflotte und eine hierdurch bedingte gleichmäßige Färbung erzielt werden. Die bis etwa eine Hand breit unter dem oberen Rande mit Wasser gefüllte Barke wird mit den Beizen bezw. Farbstoffen beschickt und umgerührt. Das Aufrühren oder Umrühren der Farbflotte geschieht verschieden. Man verwendet Kupfer- oder Eisenschäppen mit kürzerem oder längerem Stiel, oder einfach sog. Aufküper, ähnlich, wie man sie zum Aufrühren der Indigoküpen benutzt. An einem längeren Stock wird an dem Ende eine wagerecht stehende, abgerundete Holzscheibe angebracht.

Das zu färbende und auf Farbstöcke gebrachte Garn wird in die mit der Farbflotte beschickte Farbbarke eingesetzt und die ganze Partie auf eine Seite der Barke geschoben. Je zwei Stöcke werden dann von den an den Längsseiten der Barke stehenden Arbeitern gefaßt, hochgehoben und nach der anderen Seite, z. B. von rechts nach links, gesetzt, „durchgesetzt". Dieses „Durchsetzen" des Garnes ist die wichtigste Operation während des Färbens, da die Hauptaufgabe während des Färbens das sorgfältige Durcharbeiten des Garnmaterials in der Farbflotte ist.

Ist die ganze Stockreihe der Farbpartie derart durchgesetzt, so wird das Garn umgezogen, und zwar wird an der Seite, an welcher mit dem Durchsetzen des Garnes begonnen wurde, auch das Umziehen angefangen. Die zuerst durchgesetzten Garnstöcke sind am längsten in ordentlicher Berührung mit der Farbflotte und müssen daher auch zuerst umgezogen werden.

Das Umziehen kann mit der Hand oder mit dem „Stechstock" geschehen. Das Umziehen mit der Hand wird stets bei kleineren Partien, welche nur ein Arbeiter färbt, vorgenommen. Das Umziehen mit der Hand setzt Übung voraus. Das Garn kann zu leicht durch das Zusammenfassen in der Hand ineinandergezogen und in Unordnung gebracht werden. Zudem müssen bei stark alkalischen Farbflotten, z. B. bei Schwefel- und Küpenfarbstoffen, beim Arbeiten mit der Hand Gummihandschuhe verwendet werden. Das· Umziehen mittels Stechstockes ist deshalb als exaktere Methode bei größeren Partien stets vorzuziehen.

Das Umziehen geschieht in der Weise, daß ein Pfund des Garnes am Farbstock mit der Hand gefaßt und alsdann hochgezogen, umgezogen wird derart, daß der in der Flotte befindliche

Teil des Garnes jetzt oben und der oben außerhalb der Flotte stehende Garnteil jetzt unten in der Farbflotte sich befindet.

Beim Arbeiten mit dem Stechstock wird jeder Farbstock von den zwei sich gegenüberstehenden Arbeitern mit der linken bezw. rechten Hand gefaßt. Der eine Arbeiter sticht dann mit der rechten Hand den Stechstock unter den Farbstock durch das Garn hindurch, der zweite Arbeiter faßt den Stechstock mit der linken Hand, und das Garn wird dann mit dem Stechstock hochgezogen. Auf diese Weise wird das Umziehen des Garnes bewirkt. Der umgezogene Stock wird nach der anderen Seite der Barke gesetzt. Das Umziehen kann von links nach rechts oder umgekehrt geschehen. Die gebräuchlichste Methode ist die, daß die linksstehenden Farbstöcke umgezogen und nach rechts gesetzt werden.

Eine Partie wird vier- bis achtmal hintereinander durchgesetzt und umgezogen, dann wird eventl. alle 5 bis 10 Minuten nachgezogen. Die Anzahl des bewerkstelligten Umziehens markieren sich die Arbeiter durch ein Zeichen an dem auf den Garnstöcken aufliegenden Garn. Diese Arbeiten können variiert werden. So kann die Partie z. B. nach viermaligem Umziehen zweimal hintereinander durchgesetzt werden, um ein starkes Durcharbeiten des Garnes in der Flotte zu erzielen.

Bei Farbflotten, die an der Luft leicht oxydieren, oder zu bronzigen Streifen Anlaß geben, kann eventl. das Nachziehen unterbleiben. Stattdessen wird das Garn unter die Flotte gesteckt. Es geschieht dies in der Weise, daß je zwei Stöcke mit einem Ende in die Flotte gesteckt werden, abwechselnd von der einen, dann von der anderen Seite der Barke aus. Das In-die-Flotte-stecken des Garnes wird auch dann ausgeführt, wenn z. B. eine Partie über Nacht in der Beiz- oder Färbeflotte verbleiben soll.

Wird während des Färbens die Farbflotte durch Einleiten von Dampf erhitzt, so kann durch ein zeitweises Herauf- und Hinunterschieben der ganzen Partie auf der Farbbarke eine Zirkulation der ganzen Farbflotte und damit eine gleichmäßige Erwärmung bezw. gleiche Temperatur der Farbflotte erzielt werden, da bei längere Zeit im Gebrauch befindlichen Dampfrohren durch Erweiterung der Dampfaustrittsstellen zumeist keine gleichmäßige Erwärmung an allen Stellen des Färbegefäßes stattfindet.

Von der exakten Ausführung der Arbeiten auf der Barke hängt die Egalität der Färbung ab.

Wird der Farbstoff in mehreren Portionen zugesetzt, so wird das Garn vor dem jedesmaligen Zugeben der Farbe „aufgeschlagen" oder „aufgeworfen". Als Unterlage gebraucht man die gewöhnlichen Farbstöcke, oder auch besondere Traggestelle, „Tragen", Lattengestelle, die auf beiden Seiten verlängerte Holzgriffe zum Tragen des Gestelles haben.

Nach der Art der Färbung richtet sich die Art der Verarbeitung auf der Barke. Bei schwierig zu färbenden und schwer egalisierenden Farben werden für eine Partie mehr Arbeiter benötigt als bei einfacheren Farben. So wird in der Regel eine 5 Bündel = 50 Pfd. engl. Partie von zwei Arbeitern gefärbt. Bei schwer egalisierenden basischen Farbstoffen benötigt man dagegen für dieselbe Partiegröße vier Arbeiter. Andererseits können bei leicht egalisierenden Farben eventl. zwei Mann 10 Bündel = 100 Pfd. engl. verarbeiten. Kleinere Partien von etwa 1 bis $1^1/_2$ Bündel werden von einem Arbeiter gefärbt („Ein-, Zwei- und Vierspänner").

Ist eine Partie fertig gefärbt, gespült usw., so wird sie abgestellt, d. h. das Garn wird von den Stöcken abgenommen, „abgestellt" und zweipfundweise mit einem Kopfe versehen, zusammengedreht auf ein Traggestell gestapelt, zur Zentrifuge transportiert und geschleudert.

Nach dem Anstrecken ist das Garn zum Trocknen fertig.

Das Austrecken des Garnes. Das aus der Schleudermaschine kommende Garn kann nur in den seltensten Fällen direkt zum Trocknen aufgehängt werden. Zumeist muß das Material erst angestreckt werden, um das Garn zu glätten. Bei appretierten oder gestärkten Garnen ist das Anstrecken notwendig, um ein eventl. Zusammenkleben der Garnfäden zu vermeiden.

Das Anstrecken, Ausstrecken, Ausschwingen oder „Aufbutzen" des Garnes geschieht mit der Hand oder mechanisch auf der Anstreckmaschine.

Beim Arbeiten mit der Hand wird das Garn auf den Wringpfahl gehängt. Die einzelnen Stränge werden geordnet, und mit einem durchgesteckten Wringholz wird das Garn alsdann ausgeschlagen, ausgestreckt, angestreckt, ausgeschwungen oder „aufgebutzt". Um das Garn nicht nur in einer Lage zu bearbeiten, wird dasselbe während des Anstreckens mehrmals vorangezogen (ähnlich wie beim Wringen). Auf den Anstreckmaschinen besorgen diese Arbeit die rotierenden Garnwalzen.

Die Anzahl des Anstreckens richtet sich nach dem betreffenden Material und seiner vorherigen Verarbeitung. Es wird so z. B. 2 mal 3, 3 mal 5, 5 mal 5 usw. angeschlagen, d. h. das Garn wird zweimal umgefaßt und je dreimal angeschlagen usw.

Beim Anstrecken mit der Hand arbeiten mehrere Arbeiter zusammen, welche taktmäßig das Garn anschlagen. Es führen zwei, drei, oder vier Arbeiter den „Zwei-, Drei-, oder Vierschlag" aus. Dieses taktmäßige Nacheinanderschlagen beim Drei- oder Vierschlag setzt größere Übung voraus. Es ist dies die schwierigste Arbeit der Baumwollfärberei. An dieser Arbeit kann man die handwerksmäßige Geschicklichkeit der Arbeiter prüfen.

Beim Arbeiten auf der Maschine wird das Anstrecken mechanisch ausgeführt. Das Garn wird auf zwei Garnwalzen gelegt. Während eine Garnspule fest gelagert ist, bewirkt die andere Spule als Schlagwalze das Anstrecken des Garnes.

Es existieren verschiedene Maschinensysteme. Das Garn darf beim Anschlagen nicht zerrissen werden. Ein Nachteil der meisten Anstreckmaschinen ist, daß die Anzahl des Anschlagens im Belieben des Arbeiters liegt, da das Anschlagen so lange andauert, wie der Antriebsriemen an der Maschine eingerückt ist. Eine Garnstreckmaschine, bei der die Anzahl des Anschlagens durch eine Stellvorrichtung beliebig festgesetzt werden kann, und die somit automatisch stets das Garn gleichmäßig bearbeitet, wird von der Zittauer Maschinenfabrik und Eisengießerei gebaut (D. R. P. Nr. 201434).

Das Anstrecken des Garnes auf der Maschine hat neben dem Vorteil der mechanischen Bearbeitung und der Ersparung der geübten Arbeiter, welche diese Arbeit nur selten noch perfekt können, einen wesentlichen Vorzug. Durch die Bearbeitung auf der Maschine wird das Garn durch das Umlaufen auf den Anstreckwalzen geglättet. Dieses Glätten des Garnes kann beim Arbeiten mit der Hand nicht erzielt werden.

Das Glätten des Garnes kommt besonders bei Watergarnen in Frage, die für Kettzwecke benutzt werden. Bei enger Rietstellung beim Webstuhl wird der rauhe flusige Faden gegen das Riet gerieben. Die Fäserchen schieben sich vor dem Riet zusammen, und bilden kleine Knötchen, die das Reißen des Fadens veranlassen. Um dies zu vermeiden, wird das Garn „präpariert", d. h. für Kette gestärkt. Das Umlaufen auf den Maschinenwalzen der Anstreckmaschine (ebenso bei den Stärkepassiermaschinen) bewirkt das Glätten des Fadens.

Ein Glätten der Faser wird auch durch ein Bürsten auf Bürstmaschinen erreicht (Beistrich- und Eisengarn).

Das vom Wringpfahl oder der Anstreckmaschine abgenommene Garn wird zweipfundweise nach dem Andrehen eines Kopfes zusammengelegt. Der Garnkopf wird an der Stelle gedreht, an der sich die Fitzfäden befinden, wodurch beim Wiederöffnen des

Kopfes ohne langes Suchen nach den Fitzfäden ein exaktes Weiterverarbeiten ermöglicht ist. Das Garn wird zu einem Stapel zusammengelegt.

Das Trocknen der Baumwolle.

Das geschleuderte und angestreckte Garn ist zum Trocknen fertig. Das Trocknen geschieht durch Aufhängen des Baumwollgarnes in einem geheizten Raume, der Trockenkammer, oder durch Verarbeitung in einem der verschiedenen Trockenapparate. Das Garn wird zu diesem Zwecke auf Stöcke gebracht, um möglichst auseinandergebreitet der warmen Atmosphäre ausgesetzt zu werden.

Das Anschütten der Garne. Für das Aufstocken der Garne zum Trocknen, das sog. „Anschütten" der Garne, werden besondere Stöcke verwandt. Dieselben („Zwirnstöcke") sind entweder gewöhnlich rund oder auch vierkantig von geringerer Dicke als die zum Färben verwendeten Stöcke („Umzieher"). Zum ·„Anschütten" wird von dem aufgestapelten Garn ein Paar (2 Pfd. engl.) auf den Arm gehängt und halb-, einpfundweise, zuweilen auch zweipfundweise auf die Stöcke gebracht. Durch langsames wechselseitiges Auf- und Niederbewegen des Stockes („Schütteln" oder „Schütten") verteilt sich das Garn gleichmäßig über den ganzen Stock. Die Fitzfäden sollen sich in der Mitte oder im unteren Teil der Garnstränge befinden. Würden dieselben oben auf den Stöcken sich befinden, so könnten sie eventl. ein gutes „Anschütten" der Garne verhindern, würden auch später sich im Kopf der gepackten Garne befinden. Bei gestärkten Garnen wird z. B. der Kopf eines Pfundes beim Packen stets an der Auflagestelle des Garnes auf den Stöcken gedreht. Entgegengesetzt würden die Fitzfäden, wenn sie sich am Ende der Garnstränge befinden, nach dem Packen am hinteren Teil des Packes herausragen. Da ein Garnstock beim Aufhängen auf die Trockenkammer von dem Arbeiter stets zuerst mit dem linken Ende in das Aufhängegestell geschoben wird, so läßt man beim „Anschütten" in der Regel an der linken Seite den Stock etwas mehr frei als an der rechten Seite.

Das „Anschütten" des Garnes auf einen Stock ist das gebräuchlichste. Für besondere Zwecke (z. B. bei der Türkischrotfärberei, bei gestärktem Garn, bei wenig glatten oder sich kräuselnden Garnen wie Perlgarn, Leinengarn) wird in zwei Stöcken „angeschüttet". Auf dem einen Stock hängt das Garn, während der zweite Stock unten im Garn hängt, und so das Garn beim Trocknen gestreckt hält.

Das Aufhängen des in zwei Stöcken „angeschütteten" Garnes kann auch in der Weise geschehen, daß beide Stöcke in das Auflagegestell, die Aufhängestangen aufgelegt werden. Das Garn hängt dann bogenartig. Die Stöcke befinden sich nicht an den beiden Enden der Garnstränge, sondern etwas näher zusammengerückt, wodurch die beiden Seiten der Garnstränge beim Hängen nicht zusammenliegen, wie dies beim einfachen Aufhängen der Fall ist. Auf diese Weise werden auch z. B. dickere Litzen, Band, lang gehaspeltes Leinengarn usw. aufgehängt (Fig. 5, 6 u. 7).

Das „Anschütten" der Garne kann auch zweipfundweise auf einen Stock geschehen. Es ist dies jedoch bei der gewöhnlichen Länge der Stöcke meist nicht gebräuchlich. Je dichter das Garn zusammenhängt, um so länger dauert auch der Trockenprozeß.

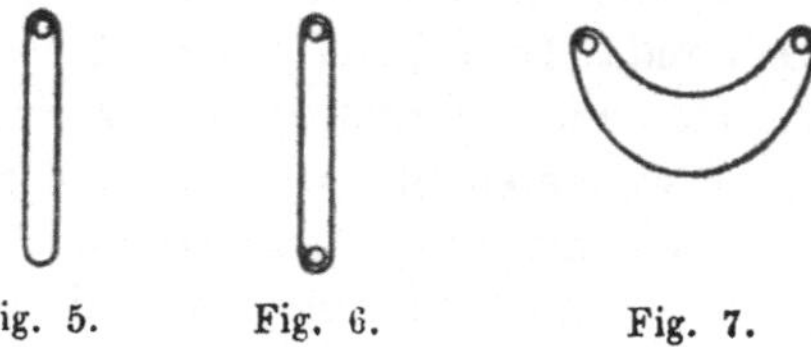

Fig. 5.   Fig. 6.   Fig. 7.

Das „angeschüttete" Garn wird auf die Trockenkammer zum Trocknen aufgehängt, oder wird in Trockenapparaten getrocknet.

Das Aufhängen geschah früher bei alten sehr hohen Trockenräumen mit Gabeln, später dann mit Hilfe von Roll- oder Trockentischen, auf denen ein Arbeiter stand, und das Garn in die Lattengestelle hängte. Bei den heutigen meist niedrigen Trockenkammern kann direkt ohne Tisch aufgehängt werden.

Das Aufhängen des Garnes hat in der Weise zu erfolgen, daß die verschiedenen Partien gut voneinander abgezeichnet werden, so daß auch von verschiedenen Arbeitern die Garnsorten wieder sicher nach dem Trocknen abgenommen werden können.

Das Aufhängen des Garnes und das Aufeinanderfolgenlassen der Partien mit dem nötigen Abzeichnen jeder Garnsorte hat auf die einfachste und sicherste Weise zu erfolgen. Je nach dem Bau der Trockenkammer und der Anordnung der Traggestelle für die Garnstöcke kann dies verschieden geschehen. Enthält die Trockenkammer mehrere Lattenreihen zum Aufhängen in der Längsrichtung, so wird das Garn am besten in der Weise aufgehängt, daß z. B. links in der ersten Reihe angefangen und diese von hinten nach vorne vollgehangen wird. Das Aufhängen wird dann in der zweiten Reihe von hinten an fortgesetzt.

Das Abnehmen das Garnes von der Trockenkammer geschieht dann in umgekehrter Reihenfolge.

Das Abzeichnen der Sorten geschieht z. B. durch Einhängen eines Stockes in den letzten Garnstock der Partie, oder derart, daß der letzte Garnstock in den vorletzten unten eingehängt wird.

Die je nach den örtlichen Verhältnissen einmal als praktische Methode des Aufhängens festgesetzte Art ist dauernd beizubehalten, sämtliche Arbeiter haben auf gleiche Art und Weise die Trockenkammer zu behängen.

Wird nicht für ein gleichartiges Arbeiten aller Arbeiter gesorgt, so werden dauernd Unannehmlichkeiten dadurch entstehen, daß die verschiedenen Partien nicht getrennt gehalten werden, sondern durcheinander kommen.

Die Trockenkammer. Die gebräuchlichste Art des Trocknens der Garne ist das Einhängen und Trocknenlassen in einer Trockenkammer.

Die Trockenkammern sind Räume von verschiedener Größe, je nach der Menge des zu trocknenden Garnes, und verschiedener Höhe, je nachdem eine oder mehrere Reihen Garn unter- oder übereinander zum Trocknen aufgehängt werden.

Das Heizen der Trockenkammern geschah früher allgemein durch große gußeiserne Öfen („Trockenhunde"), die bis zur Rotglut oder selbst Weißglut erhitzt wurden. Die Öfen wurden von außerhalb der Kammern beschickt. Die heißen Ofengase wurden durch am Boden der Trockenkammer führende weite Ofenrohre geleitet. Ofen und Ofenrohre mußten wegen der Feuergefahr mit Eisenblechen überdacht werden.

Die jetzt gebräuchliche Art des Trocknens ist die durch Heizen mit Dampf. Es geschieht dies in schlangenförmig gebogenen Dampfrohren oder besser in Rippenheizrohren oder Rippenheizkörpern.

Die Anordnung der Heizkörper ist verschieden. Sie werden am Boden liegend geführt oder an den Seiten der Wände aufgestellt.

Die Arbeitsweise der Trockenkammern ist auch verschieden. Die Trockenkammer ist in der Regel das Stiefkind der Färberei. Sie wird oft sehr unrationell betrieben.

In älteren Färbereien arbeitet die Trockenkammer auf folgende Weise. Die atmosphärische Luft wird durch die Heizkörper erwärmt. Die heiße aufsteigende Luft sättigt sich an dem nassen aufgehängten Garn mit Feuchtigkeit. Die schwere mit Feuchtigkeit gesättigte Luft sinkt alsdann als Schwaden zu Boden und wird durch unten am Boden der Trockenkammer befindliche Abzugslöcher nach außen oder in einen Kamin abgeleitet. An den Fenstern und Wänden der Trockenkammer läuft oft das kondensierte Wasser herunter. Auf solche Weise arbeitende Trockenkammern findet man sehr häufig.

Neuere Trockenkammern werden in der Weise betrieben, daß unten am Boden frische Luft zugeführt wird. Die Luft wird durch die Heizkörper erwärmt, steigt in die Höhe, sättigt sich am nassen Garn mit Feuchtigkeit und wird mit Feuchtigkeit gesättigt oben oder an der Seite abgeführt.

Je nach der herrschenden Feuchtigkeit auf der Trockenkammer werden die Abzugsfenster oder Abzugsluken auf- oder zugestellt.

Die Regulierung der Temperatur, der zutretenden Luftmengen, des Feuchtigkeitsgehaltes der abziehenden Luft ist für die Wirtschaftlichkeit der Trocknerei von größter Bedeutung.

Nach Hausbrand (Das Trocknen mit Dampf und Luft) müssen Heizfläche (Wärmemenge), Luftmenge, Außentemperatur und Ablufttemperatur in einem genau zu berechnenden Verhältnis zueinander stehen. Je nach der Außentemperatur muß die Luftmenge bis 200 %, die Wärmemenge (Heizfläche) bis 80 % verändert werden. Nach Reyscher (Die Lehre vom Trocknen in graphischer Darstellung) sind zum Auftrocknen von nur $33^{1}/_{3}$ kg Wasser in der Stunde bei vollständiger Sättigung der Abluft und bei richtiger Ablufttemperatur 1700 kg Luft und 32 285 Wärmeeinheiten, bei nur 20 %iger Sättigung der Abluft jedoch 8000 kg Luft und 150 811 Wärmeeinheiten in der Stunde erforderlich. (Färber-Ztg. 1919, S. 80).

Mit dem Ersatz der alten Trockenkammern durch Trockenapparate, in denen große Luftmengen durch Ventilatoren bewegt werden, kann deshalb das gerade Gegenteil einer größeren Wirtschaftlichkeit erreicht werden, wenn man die Temperatur und die Feuchtigkeitssättigung der abziehenden Luft nicht beachtet.

Die früher vielfach über den Dampfkesseln angelegten Trockeneinrichtungen, welche die Wärme des Dampfkessels ausnutzen sollten, werden heute nicht mehr genehmigt.

Trockenapparate. Die gewöhnlichen Trockenkammern werden zuweilen durch Trockenapparate ersetzt, die nach verschiedenen Systemen gebaut werden. Das Garn hängt in den Apparaten ruhend, wie in einer Trockenkammer, oder das Trockengut wird bewegt.

Bei den Apparaten der ersten Art wird das Garn z. B. in fahrbare Trockengestelle eingehängt, die alsdann in ein Abteil des Trockenapparates eingefahren werden. In den Apparaten selbst wird durch Ventilatoren für ein Absaugen der mit Feuchtigkeit gesättigten Luft und eine rationelle Ausnutzung der Wärme gesorgt. Nach dem Trocknen wird das Trockengestell wieder aus dem Apparat herausgezogen und kann dann entleert und wieder mit nassem Garn behangen werden. Ein Arbeiten in dem heißen Trockenraum ist also nicht nötig.

Trockenapparate mit bewegtem Trockengut arbeiten bei den Kanaltrocknern z. B. in der Weise, daß das auf Stöcke gebrachte Garn auf zwei Ketten ohne Ende gelegt wird, welche das Garn langsam durch den Trockenkanal führen. Die durch Ventilatoren dem Garn entgegengeführte warme Luft trocknet dasselbe, und am Ende des Trockenkanals kann dann das trockene Garn wieder abgenommen werden. Die Kanaltrockner erfordern demnach durch das Auflegen und Abnehmen der einzelnen Stöcke eine ständige Bedienung.

Eine weitere Art der Trockenapparate, die z. B auch in den Anilinschwarzfärbereien gebraucht wird, ist derart gebaut, daß das zu trocknende Garn auf die äußeren, sternförmig um eine Mittelachse angeordneten Stangen eines rotierenden Haspels gehängt wird. Durch Rotation der Trockenmaschine in einem warmen geheizten Raume wird das Garn getrocknet. Diese Trockenmaschinen werden wagerecht, mit der Achse liegend, oder senkrecht, mit der Achse stehend, gebaut.

Je nach der Bauart der Trockenapparate, die von verschiedenen Fabriken hergestellt werden, ist auch die Bedienung eine etwas verschiedene.

Die Heizung. Die Heizung der Trockenräume mit Öfen, die von außerhalb des Trockenraumes gefeuert und deren Heizgase durch Ofenrohre durch die Trockenkammer geleitet werden, hat den Nachteil, daß bei Undichtigkeiten der Rauch in die Trockenkammer dringt und das Garn verrußen kann. Undichte Stellen der Ofenleitung werden mit Lehm verschmiert und gedichtet.

Bei der Dampfheizung werden die Rippenrohre am einfachsten hintereinander oder nebeneinander reihenförmig durch Bogenstücke verbunden montiert. Die Verbindung der Heizkörper geschieht durch die Flanschen. Als Verpackung für die Flanschen ist Asbestdichtung nicht zu empfehlen. Im Falle nämlich Kondenswasser sich in der Rohrleitung ansammelt, werden die Asbestverpackungen sehr leicht undicht und beschädigt.

Kondenswasserableiter. Am Ende der Dampfheizung der Trockenkammer befindet sich ein Kondenswasserableiter, ein sog. Kondenstopf. Vor diesem ist zweckmäßig ein Entlüftungshahn angebracht, um bei einer Inbetriebsetzung der Heizung der Luft und auch dem angesammelten Kondenswasser freien Austritt zu verschaffen. Wird das in den Heizrohren angesammelte kalte

Kondenswasser nicht vorher abgelassen, so „schlagen" bei Dampfzutritt die Heizrohre. Der Dampf ist deshalb anfänglich sehr langsam in die Heizrohre einzulassen.

Die Kondenswasserableiter haben den Zweck, das sich ansammelnde kondensierte Wasser und auch etwa mitgerissenes Wasser aus dem Dampfkessel aus der Dampfleitung zu entfernen, ohne aber den Dampf selbst durchzulassen. Durch ihr Nicht- oder Nicht-exaktes -Funktionieren geben die Kondenstöpfe zu vielen Klagen Anlaß.

Die Kondenswasserabscheider sind sehr verschieden konstruiert. Man unterscheidet in der Hauptsache drei verschiedene Systeme.

Die sog. Federkondenstöpfe sind meist halbkreisförmig flach gebaut. Eine gekrümmte Feder dehnt sich beim Erwärmen aus, und schließt das Austrittsventil. Sammelt sich im Apparat Wasser an, welches kälter als der Dampf ist, so zieht sich die Feder zusammen und öffnet das Ventil, läßt also das Kondenswasser ab.

Diese Kondenstöpfe unterscheiden sich von den anderen Systemen prinzipiell dadurch, daß sie nur Kondenswasser von etwa 100^0 austreten lassen. Es findet also kein Dampfverlust statt.

Ein Nachteil der Apparate ist, daß die Feder mit der Zeit nicht mehr das Austrittsventil sicher reguliert, so daß Dampf ständig mit austreten kann. Die Stellschraube für die Feder rostet meist ein.

Der Federkondenstopf funktioniert also als Kondenswasserableiter durch die Ausdehnung und das Zusammenziehen einer metallischen Feder.

Es existieren auch Kondenstöpfe, bei welchen statt der Feder ein mit einer geeigneten Flüssigkeit gefüllter Körper als Ausdehnungskörper die Arbeit des Kondenstopfes durch Öffnen und Schließen des Austrittsventiles reguliert.

Die zweite Art der Kondenswasserabscheider sind die Schwimmerkondenstöpfe. Sie arbeiten entweder in der Weise, daß ein Topf sich langsam mit dem Kondenswasser füllt, zu Boden sinkt und das Austrittsventil öffnet, so daß der Dampf das Wasser herausdrücken kann. Der entleerte Topf schwimmt wieder hoch und schließt das Austrittsventil. Oder die Kondenstöpfe arbeiten in der Weise, daß ein Schwimmer, eine Hohlkugel, langsam durch das sich ansammelnde Kondenswasser gehoben wird und das Austrittsventil öffnet. Das Wasser wird durch den Dampf ausgestoßen. Der Schwimmer senkt sich wieder und schließt das Ablaßventil.

Die Schwimmerkondenstöpfe lassen das Wasser nicht kontinuierlich, sondern periodisch austreten, und zwar jedesmal, wenn der Topf mit Wasser gefüllt ist.

Prinzipiell unterscheiden sich diese Kondenstöpfe von den Federkondenstöpfen dadurch, daß sie das Kondenswasser je nach dem herrschenden Dampfdruck in entsprechender Temperatur ablassen, daß also ein bestimmter Dampfverlust eintritt.

Bei 5 Atm. hat z. B. Wasser eine Temperatur von etwa 150⁰ C. Wird nun Wasser von 150⁰ aus dem Kondenstopf ausgestoßen, so kommt dieses alsdann unter gewöhnlichen atmosphärischen Druck. Es tritt eine Nachverdampfung bis auf 100⁰ ein. Hierdurch entsteht starke Dampfentwicklung.

Ein Nachteil dieser Apparate ist, daß die Ventile durch das sehr häufige Spiel des Füllens und Entleerens ausschleißen und undicht werden, wodurch nach dem Entleeren des Apparates Dampf zum Teil noch kurze Zeit nachbläst. Sich im Kondenstopf ansammelnde Unreinigkeiten aus den Rohrleitungen, z. B. alte Dichtungsstücke usw., können auch den Mechanismus versetzen. Die Kondenstöpfe müssen deshalb zeitweise kontrolliert werden.

Diese beiden ersten Arten der Kondenswasserabscheider arbeiten mit beweglichen Teilen (Feder, Schwimmer). Eine dritte Art der Kondenstöpfe besitzt keinen beweglichen Mechanismus. Es ist dies der Kreuzstromkondenstopf (D. R. P. des Kreuzstromwerk G. m. b. H. in Hagen i. W.).

Der Arbeitsteil des Apparates ist ein Kegel oder Konus, auf dessen Oberfläche sich kreuzende Spiralnuten eingeschnitten sind. Wasser und Luft finden an den durch die Nuten oder Rillen gebildeten Kreuzungsstellen nur geringen Widerstand. Der Dampf wird durch den Konus nicht mechanisch abgeschlossen, vielmehr bewirkt der Dampf seine Absperrung beim Durchgang durch den Konus dadurch selbst, daß er an den Kreuzungsstellen der in den Konus eingeschnittenen Rillen mit dem von der anderen Richtung kommenden Dampfstrahl aufeinanderprallt und hierdurch stark gedrosselt wird. Das Kondenswasser läßt der Konus also ablaufen, während der Dampf sich im Konus selbst drosselt und absperrt. Je nach dem Verwendungszweck für hohen oder niederen Dampfdruck, für große oder geringe Kondenswassermenge, ist der Rillenquerschnitt des Konus verschieden.

Der Kreuzstromkondenstopf bildet durch das Fehlen jedes beweglichen Teiles gegenüber anderen Systemen Vorteile.

Kondenswasserrückgewinnung. Das aus den Kondenstöpfen austretende Wasser wird oft unrichtigerweise einfach fortlaufen gelassen. Um das sich bildende Kondenswasser direkt automatisch ohne Pumpe oder Injektor wieder in den Kessel zu führen, werden in den Färbereien hauptsächlich die Kondenswasserrückleiter verwendet.

Das Kondenswasser wird auf diese Weise dem Dampfkessel wieder heiß zugeführt. Es tritt hierdurch kein wesentlicher Wasserverlust im Dampfkessel durch die Heizung der Trockenkammer ein, und ferner wird eine Kohlenersparnis erzielt gegenüber dem Anheizen frisch in den Dampfkessel zugepumpten kalten Wassers.

Die Kondenswasserrückleiter werden auf verschiedene Art gebaut. Der Apparat arbeitet z. B. folgendermaßen.

Das sich bildende und aus dem Kondenstopf austretende Kondenswasser wird durch eine Rohrleitung in den über dem Dampfkessel stehenden Apparat gedrückt und füllt diesen langsam. Durch das im Apparat sich ansammelnde Wasser wird ein hohler Schwimmer gehoben. Der aufsteigende Schwimmer öffnet nach Füllung des Apparates durch einen Mechanismus ein Dampfzutrittsventil und schließt gleichzeitig zwangsläufig ein Dampfaustrittsventil. Der eintretende Dampf setzt den Apparat unter Kesseldruck und das im Apparat befindliche Wasser fließt durch seine eigene Schwere in den Dampfkessel ab. Gleichzeitig senkt sich der Schwimmer, schließt den Dampfzutritt und öffnet das Dampfaustrittsventil. Der im Apparat befindliche Dampf bläst ab und frisches Kondenswasser füllt wieder den Apparat. Automatisch wiederholt sich dann dasselbe Spiel des Rückleiters.

Das periodische Ausstoßen des Dampfes nach jedesmaligem Abfließen des Wassers in den Dampfkessel ist ein Nachteil der Kondenswasserrückleitungsapparate. Der abströmende Dampf kann zur Warmwassererzeugung verwendet werden. Zuweilen kann man das vollständige Entlüften des Apparates durch das Dampfaustrittsventil umgehen, indem man das Ventil nur teilweise öffnet, so daß nur eine ganz geringe Menge Dampf entweicht. Hierdurch entsteht im Apparat schon ein etwas geringerer Druck. Der Apparat kann sich dann wieder mit Kondenswasser füllen.

Die Kondenswasserrückleitungsapparate versagen durch Undichtwerden und Durchrosten des Schwimmers, durch Versetzung des Hebelmechanismus oder durch Nichtfunktionieren des Dampfzutritt- und Dampfaustrittventiles. Das letztere kann schon verursacht werden durch Verunreinigungen aus der Dampfleitung, wie z. B. Verpackungsteilchen oder abgesprungene Stücke der Jenkinsdichtungen aus den Dampfventilen.

Zur Rückführung heißen Kondenswassers in den Dampfkessel dienen auch Heißwasserspeiseautomaten und Kolbenpumpen.

Heißwasserinjektoren haben sich hierfür nicht bewährt.

Die Fertigstellung der Garne.

Verhängen der Garne. Das getrocknete Garn ist in den meisten Fällen zum Packen fertig. Für besondere Zwecke läßt man die Garne noch längere Zeit in kalter Luft hängen, um z. B. den durch trockene Hitze veränderten Farbton wieder bei normaler Feuchtigkeit herzustellen oder der Baumwolle wieder die normale Feuchtigkeit zu verleihen. Zum Hängen an der Luft werden in den Bleichereien allgemein besondere Lufthängen benutzt.

Das Schwellieren (Chevellieren) der Garne. Um dem Garn einen besonders weichen Griff und auch zum Teil einen etwas höheren Glanz zu verleihen, wird das Schwellieren der Garne ausgeführt. Es geschieht dies wie beim Wringen mit der Hand durch mehrmaliges Drehen des trockenen Garnes am Wringpfahl. Es findet hierdurch ein Strecken und durch das Gegeneinanderreiben der Fäden auch ein gewisses Glätten der Baumwolle statt. Die Arbeit des Schwellierens kann auf besonderen Maschinen ausgeführt werden.

Das Abklanken der Baumwollgarne. Das Packen, „Abklanken", des Garnes geschieht auf besonderen Abklankbänken. Es sind niedrige Bänke, die zum Einstecken runder oder eckiger Stäbe zwei Reihen Löcher eingebohrt enthalten. Durch Einstecken der Stäbe kann dann für kleinere oder größere Partien die Packform abgesteckt werden. Beim Abklanken wird das Garn von den Trockenstäben abgenommen. Pfundweise wird das Garn mit einem Kopfe versehen und in die Packbank eingelegt. Bei großen Partien werden die Garne 5 Bündel-weise gepackt, in der Weise, daß die Garne in fünf Reihen von je 10 Pfund übereinander in die Packbank eingelegt werden. Kleinere Partien werden entsprechend zusammengepackt. Das Zusammenbinden der Päcke geschieht z. B. durch drei Schnüre. Zum Packen werden die um die Rohbündel befindlichen Schnüre benutzt.

Für bestimmte Zwecke wird das Garn in einer Garnpresse zusammengepreßt. So werden Eisengarn und oft auch mercerisierte Garne in Bündelpressen gepackt. Eisengarn wird dann noch bündelweise in Papier eingeschlagen. Das Packen in Einschlagpapier findet manchmal auch für andere Baumwollgarne (mercerisiertes Garn) statt. Ein exaktes, schönes Packen der Baumwollgarne erfordert große Übung.

Das Färben von Schatten, Flammen und Ombrés.

Beim gewöhnlichen Verarbeiten des Baumwollgarnes wird eine gleichmäßige Färbung des ganzen Stranges bezweckt und erreicht. Für bestimmte Artikel sind die Stränge nicht gleichmäßig in einheitlicher Farbe zu färben, sondern in Schattenform, von Hell nach Dunkel in mehreren Abstufungen, oder zur Hälfte weiß zur anderen Hälfte farbig, oder mehrfach weiß und mehrfach farbig (Flammen, Ringelgarne), oder mehrfach farbig in verschiedenen Farben (Ombrés).

Beim Verweben einer gleichmäßigen Färbung wird ein in Färbung einheitliches Gewebe erhalten. Ein zur Hälfte weißer zur anderen Hälfte gefärbter Strang erzeugt als Einschlag mit weißer Kette abwechselnd einen Abschnitt weißes und farbiges Muster. Entsprechende Wirkungen werden mit Schattenfärbungen und buntfarbigen Ombrés erhalten. Durch einen einzigen mehr- oder buntfarbigen Einschlagfaden wird also ein gemustertes Gewebe erzeugt, wie es sonst nur durch kompliziertere Webarten mit mehrspuligen Einschlagfäden erreicht werden könnte.

Schatten werden in der Weise gefärbt, daß das Garn zuerst vollständig in der hellsten Farbe gefärbt wird. Die dunkleren Schattennüancen werden dann weitergefärbt, indem das Garn nur teilweise in die Farbflotte eingetaucht und sehr vorsichtig bewegt wird, so daß die aus der Flotte hervorragenden Garnteile nicht angefärbt werden. Zum Schatten- und Ombréfärben benutzt man vierkantige Farbstöcke, damit kein Verschieben des auf den Stöcken aufliegenden und in die Flotte einhängenden Garnes stattfinden kann. Die Farbbarken oder Farbkübel werden nur in der entsprechenden Höhe mit Flotte gefüllt, eventuell werden die Stöcke nicht auf den Rand der Barke oder des Kübels, sondern auf je nach der erforderlichen Höhe seitwärts des Färbegefäßes zusammengezimmerten Lattengestellen aufgelegt. Das Garn wird zuweilen auch in Rahmen eingespannt. Diese Rahmenleisten oder Bretter decken den nicht zu färbenden Teil des Garnes stellenweise zu.

Auf gleiche Weise färbt man zur Hälfte weiße zur anderen Hälfte farbige Stränge. Die halbe Länge des Stranges darf alsdann nur in die Farbflotte eintauchen.

Mehrfach weiße und mehrfach farbige Stränge, Flammen, müssen gebunden werden. Das Binden der Flammen erfolgt derart, daß mehrere gebleichte Stränge der Länge nach festgedreht und die nicht zu färbenden Stellen des Garnes in der erforderlichen Breite mit festem Papier und darauf mit Bindeband umwickelt und gebunden werden. Je nach der Zahl der abgebundenen Stellen unterscheidet man ein, zwei, drei „Plack" (fleckige) Flammen. Die Flammen werden zum vollständigen Durchnetzen über Nacht in kaltes Wasser eingelegt, darauf geschleudert und auseinandergezupft oder gepflückt, um die kurzen eng zusammenliegenden Garnteile in eine lockere für das Durchfärben geeignete Aufmachung zu bringen.

Beim Färben werden die Flammen in die Farbflotte eingelegt und mit einem Stocke umgerührt. Beim Färben von Indigoküpenblau auf Flammen wird aus der Küpe am besten ein entsprechender Teil klarer Küpenflotte entnommen und in ein Faß oder Farbkübel geschöpft, in welches alsdann die Flammen zum Färben eingelegt werden.

Beim Spülen nach dem Färben werden die Flammen am besten jedesmal einige Zeit im Spülwasser liegen gelassen, damit die inneren festeren Teile der nicht gebundenen Garnstellen besser ausgespült werden.

Mehrfarbige Ombrés werden in der Weise gefärbt, daß nur der jeweils zu färbende Teil des Stranges in die betreffende Farbflotte einhängt. Nach dem Färben der ersten Farbe werden die Stränge verschoben, daß der für die zweite Farbe bestimmte Garnteil sich nunmehr unten im Strang befindet und in die Farbflotte eingehängt werden kann.

Das Färben von Schatten, Flammen und Ombrés erfordert ein geschicktes und ruhiges Arbeiten und Hantieren.

V. Das Wasser in der Färberei.

Das Vorkommen des Wassers in der Natur ist an Ort und Zeit gebunden. Die Etablierung von Färbereibetrieben ist deshalb von dem Vorhandensein ausreichender und brauchbarer Wasserquellen abhängig. Man unterscheidet hauptsächlich Meteorwasser (Regenwasser), Grund- und Quellwasser und Flußwasser. Chemisch reines Wasser kommt in der Natur nicht vor. Beim Fallen des Regens oder Schnees werden die Verunreinigungen der Luft absorbiert. In Städten und industriereichen Gegenden sind dies besonders Staub und Kohleteilchen, Gase, schweflige Säure usw. Die Beschaffenheit des Grund- und Quellwassers ist von der Zusammensetzung des Bodens abhängig, durch den es dringt. Die chemische Zusammensetzung des Quellwassers wird von den geologischen Gesteinsarten bedingt. Flußwasser enthält gelöste Bestandteile, die von der Löslichkeit der durchflossenen Bodenschichten, also von den geologischen Verhältnissen bestimmt werden. Die jeweiligen Niederschlagsmengen, die Wasserführung, die Temperatur und Jahreszeit beeinflussen die schwankende Zusammensetzung des Flußwassers.

Die Beschaffung genügender Wassermengen von geeigneter Zusammensetzung bildet für die Färberei die Grundlage des

Betriebes. Für die Wasserversorgung dienen hauptsächlich Brunnenanlagen.

Da Regenwasser das reinste in der Natur vorkommende Wasser ist, sollte dieses nach Möglichkeit gesammelt und verwendet werden (Seifenlösen, Seifenbäder, Apparatefärberei).

Ebenso ist Kondenswasser mit das reinste Wasser. Zuweilen ist es jedoch durch Oel von der Dampfmaschine und durch aus den Leitungen mitgerissenen Rost verunreinigt. Kondenswasser sollte gesammelt werden, wenn die Zurückleitung in den Dampfkessel nicht automatisch erfolgt. Dieses Verfahren ist bei Trockenanlagen vorzuziehen.

Das Wasser wird zu physikalischen und chemischen Leistungen gebraucht.

Mechanische Wirkungen erzielt das Wasser in den Wasserkraftmaschinen, Turbinen, hydraulischen Maschinen, in Waschmaschinen durch den Druck beim Abspritzen des Waschgutes. Der Wasserdruck und damit auch die Ausströmungsgeschwindigkeit hängt ab von der Höhendifferenz zwischen dem Wasserbassin (Reservoir) und der Entnahmestelle.

Das Wasser dient weiter zur Wärmeübertragung, zum Erwärmen, Heizen, Trocknen (Dampfheizung) und Abkühlen, Dampfkondensation und Abkühlung heißen Textilgutes durch kaltes Spülen. Physikalisch wird die Wärme in Wasserdampf und dieser in Dampfmaschinen und Turbinen in Bewegung und mechanische Arbeit umgesetzt. Das Wasser dient ferner zum Lösen der Farbstoffe und Chemikalien, beim Waschen zum Herauslösen, Spülen und Reinigen der von der Faser zu entfernenden Substanzen.

Chemische Leistungen bewirkt das Wasser dadurch, daß die beim Färben stattfindenden chemischen Prozesse sich in wässeriger Lösung vollziehen. Das Wasser ist also hier zum Teil ein notwendiger Faktor.

Für die Brauchbarkeit des Wassers in der Färberei ist sein Gehalt an Fremdstoffen maßgebend.

Bei der Apparatefärberei spielt reines Wasser eine besonders hervorragende Rolle. Das Färbegut wirkt in den Packapparaten als Filtermaterial, auf welches sich die Verunreinigungen des Wassers und die durch die Zusätze erzeugten Kalk- und Magnesianiederschläge absetzen. Für Färbeapparate nach dem Packsystem wird deshalb besonders vorteilhaft Kondenswasser verwendet.

Für die Färberei zu verwendendes Wasser muß klar sein. Es darf keine festen Schwebestoffe enthalten (Lehm, Schlamm und Sand nach Regenperioden).

Durch den Gehalt an Kalk- und Magnesiasalzen wird die sogenannte „Härte" des Wassers bedingt. Man unterscheidet harte und weiche Wässer, vorübergehende (temporäre) Härte (Bikarbonate) und bleibende (permanente) Härte (Gehalt an Sulfaten, Calciumsulfat, Gips). Die Summe der vorübergehenden und bleibenden Härte bildet die Gesamthärte. 1 deutscher Härtegrad $=$ 1 Teil Kalk, CaO auf 100000 Teile Wasser.

Brunnenwasser ist zuweilen von schwankender Zusammensetzung. Nach Ruhepausen geben die Brunnen oft weicheres Wasser als bei ständigem, starkem Gebrauch.

Die Härte des Wassers hat für die Färberei Nachteile und Vorteile.

Die Härte erzeugenden Bestandteile des Wassers bedingen den Ansatz von Kesselstein im Dampfkessel. Hartes Wasser ist deshalb für die Dampfkesselspeisung unvorteilhaft. Der Wirkungsgrad des Dampfkessels vermindert sich für den Millimeter Kesselsteinansatz um etwa $10^0/_0$.

Beim Färben ist kalkhaltiges Wasser nachteilig für kalkempfindliche Farben. Kalkhaltiges Wasser ist dann vorher zum Lösen und Färben zu korrigieren. Stark kalkhaltiges und karbonatalkalisches Wasser muß beim Beizen mit Tannin mit Essigsäure korrigiert werden. Seife bildet in hartem Wasser Kalkseife (Brechen der Seife). 1^0 Härte verbraucht pro cbm Wasser etwa 180 g gute Seife. Bei 10^0 Härte werden also durch den Kalkgehalt schon ca. 1800 g Seife verbraucht. Bei kalkhaltigem Wasser ist daher die Verwendung und der Zusatz von Monopolseife oder ähnlichen Produkten, welche lösliche Kalksalze bilden, vorteilhaft.

Kalkhaltiges Wasser bietet Vorteile beim Färben von Türkischrot und Blauholz und wirkt auch zuweilen in erwünschter Weise auf den Griff der fertigen Ware. Zum Spülen gesäuerter Garne ist hartes Wasser vorzuziehen. Die durch den Kalkgehalt, bezw. die Karbonathärte bedingte Alkalinität des Wassers dient zur Neutralisation der Säuren und unterstützt so wesentlich den Waschprozeß.

Ein Eisengehalt des Wassers wirkt nachteilig beim Bleichen, beim Färben von Türkischrot und beim Färben mit basischen Farbstoffen (Beizen mit Gerbstoffen).

Der in Wasser gelöste Luftsauerstoff unterstützt die Oxydation der Farben beim Spülen (Küpenfarbstoffe). Soll eine Oxydation möglichst hintenangehalten werden, so wird dem ersten Spülbad zur Bindung des Luftsauerstoffgehaltes im Wasser eine kleine Menge Hydrosulfit zugesetzt.

Der Kohlensäuregehalt des Wassers kann in Verein mit dem gelösten Luftsauerstoff zu Anrostungen Anlaß geben.

Kesselspeisewasser soll insbesondere keine Bestandteile enthalten, die auf die Kesselwandungen unmittelbar einwirken und die Kesselbleche angreifen können (Säuren, Fettsäuren).

Das Wasser soll möglichst frei sein von organischen Substanzen. Zur Vermeidung der Bildung grüner, leicht wuchernder Algenarten wird das Wasserbassin lichtdicht mit einer Deckelbedachung abgedeckt.

Fäulnisprodukte im Wasser wirken reduzierend und können zu einer Zersetzung der Azofarbstoffe, dem „Verkochen der Farbstoffe" Anlaß geben. Die Verunreinigungen der Baumwolle können jedoch auch selbst Ursache der Zersetzung alter Farbflotten sein.

Um die Nachteile harten Wassers zu beheben, ist für viele Zwecke ein Korrigieren des Wassers oder eine Wasserreinigung erforderlich. Je nach den Färbemethoden empfiehlt sich Zusatz von Soda, Essigsäure. Im Färbebad kann eine teilweise Entkalkung und Reinigung des Wassers vorgenommen werden. Man setzt dem kalten Bade Soda zu und kocht auf. Die abgeschiedenen Karbonate treiben zum Teil an die Oberfläche und werden abgeschöpft.

Steht in der Färberei, wie in den meisten Fällen, nur kalkhaltiges Brunnenwasser zur Verfügung, so können die Farbstoffe am einfachsten mit weicherem Wasserleitungswasser gelöst werden. Kochendes Wasser zum Lösen wird dann in einem kleineren verzinnten kupfernen, mit geschlossener Dampfschlange geheizten und mit Ablaufhahn versehenen Kessel bereitet und vorrätig gehalten. Der Wasserleitungshahn dient auch zur Entnahme von Trinkwasser (Kaffeewasser).

Für die Dampfkesselspeisung empfiehlt sich ein vorheriges Reinigen harten Wassers in Wasserreinigungsapparaten oder ein direkter Zusatz von Soda zum Kesselspeisewasser (schwach alkalische Reaktion des Wassers). Ein geringer Sodagehalt im Kesselwasser ist nicht schädlich. Die Armaturen werden auch nicht angegriffen. Beim Speisen mit Soda verschlammen dagegen die Injektoren leicht und setzen sich mit Kesselstein zu. Das gleiche gilt für das zum Kessel führende Speiserohr. Die Injektoren müssen deshalb von Zeit zu Zeit abgeschraubt und durch Herauslösen der Kesselsteinabscheidungen mit Säure, am besten Salzsäure, gereinigt werden. Beim Speisen mit Sodazusatz muß der Dampfkessel regelmäßig wöchentlich etwa zu $^2/_3$ abgelassen oder von Zeit zu Zeit ganz abgeblasen werden, um den im

Kessel angesammelten Schlamm und die im Wasser angereicherten konzentrierten löslichen Salze zu entfernen. Die Ansetzung von Kesselstein sucht man auch durch Anstreichen der Innenwandung des Kessels mit Graphit, Teer oder ähnlichen Präparaten zu verhüten.

Der Sodagehalt des Kessels kann zuweilen zu Unzuträglichkeiten Anlaß geben, wenn durch ein Schäumen des sodahaltigen Kesselwassers ein Überkochen und Mitreißen des schlamm- bzw. niederschlaghaltigen Kesselwassers in die Dampfleitungen verursacht wird.

Die eigentliche Wasserreinigung ist eine mechanische (Filtration) und eine chemische (Niederschlagen der die Härte bildenden löslichen Bestandteile, wodurch auch Schwebestoffe mitgerissen und entfernt werden). Hierzu dienen die verschieden gebauten Wasserreinigungsapparate. Zur chemischen Reinigung dient hauptsächlich das Kalk-Sodaverfahren. Diese chemische Fällung erfordert eine genaue Dosierung der nach der Zusammensetzung des Wassers wechselnden Reinigungszusätze und eine ständige chemische Kontrolle. Findet diese nicht regelmäßig und sachgemäß statt, so ist gar keine Wasserreinigung besser, als eine Reinigung ohne Kontrolle.

Von den chemischen Wasserreinigungsmethoden ist ferner das Permutitverfahren von Bedeutung, da es auch auf einer anderen Grundlage beruht.

Beim Permutitwasserreinigungsverfahren wird die Eigenschaft künstlicher Zeolithe verwendet, ihre Basen nicht nur gegen Alkalien und alkalische Erden, sondern auch gegen Eisen, Mangan auszutauschen und diese Metalle beim Waschen mit Lösungen von Alkalien und alkalischen Erden wieder in Lösung zu geben.

Zur Wasserreinigung wird beim Permutitverfahren ein Filter aus Natriumzeolith verwendet. Natriumzeolith wird durch die Calcium- und Magnesiumverbindungen des Wassers in Calciummagnesiumzeolith verwandelt, während im filtrierten Wasser die gebildeten löslichen Salze (Natriumkarbonat und -sulfat) verbleiben. Ist das Permutit erschöpft, so findet eine Regeneration durch Behandlung mit Kochsalzlösung statt. Das Permutitverfahren enthärtet Wasser auch von verschiedener Zusammensetzung bis auf 0^{0} d.-Härte, erfordert nur eine einfache Apparatur und keine genaue Dosierung und Kontrolle von Fällungsmitteln. Bei Wässern mit hoher Karbonathärte ist beim Reinigen mit Permutit der entstehende Sodagehalt des gereinigten Wassers für verschiedene Färbeverfahren zu beachten. Das Permutitverfahren dient auch zur Enteisenung und Entmanganung des Wassers.

In Färbereien findet man Wasserreinigungsapparate nur selten. Die Abwässer spielen in den Färbereien eine bedeutende Rolle. Die Beseitigung und Unschädlichmachung der Abwässer, die Abwässerfrage, gehört mit zu den schwierigsten Problemen. Die Abwässer sind gefärbt oder farblos und chemikalienhaltig. Verunreinigungen des Abwassers mit Farbstoffen fallen leicht ins Auge, sind jedoch weniger schädlich als gewöhnlich angenommen wird. Ein farbloses, vom Auge nicht zu beanstandendes Wasser kann schädlicher sein als gefärbte Abwässer. Chemikalienhaltige Abwässer entstehen besonders beim Bleichen. Die Abwässerfrage der Bleichereien hat zur Konzessionierungspflicht der sog. Schnellbleichereien beigetragen. Durch die in großen Industriestädten meist durchgeführte städtische Kanalisation hat die Abwässerfrage der Färbereien zum Teil ihre Erledigung gefunden. Da in den Kanälen besonders säurehaltige Wässer nicht abgelassen werden dürfen, so genügt schon eine genügende Verdünnung und die gegenseitige Vermischung und teilweise Fällung der verschiedenartigen Färbereiabwässer in einem Sammelbassin, um die gewünschte Neutralisation und auch die Abkühlung der Abwässer für das Einleiten in die Kanäle zu erreichen.

VI. Farbstoffe und Chemikalien.

Die in der Färberei verwendeten Farbstoffe und Chemikalien sind fest oder flüssig. Zum Färben werden außer den künstlichen Farbstoffen auch noch Naturfarbstoffe in geringerem Maße benutzt. Die Naturfarbstoffe sind pulverförmig (Curcuma), bilden Brocken, Würfel (Indigo), sind geraspelt (Farbhölzer), extrahiert in festen Blöcken oder in flüssiger Extraktform (Blauholz, Gelbholz).

Die künstlichen Farbstoffe sind fest (pulverförmig, kristallisiert oder in Brocken, kleinen Stückchen) oder flüssig in Teig- und Pastenform.

Die verwendeten Chemikalien sind fest (pulverisiert, kristallisiert oder in Brocken, Stücken) oder flüssig von verschiedener Konsistenz und Dichte (Säuren, Natronlauge, Öle).

Farbstoffe und Chemikalien sind trocken, also in von der Feuchtigkeit der Färberei abgesonderten Lagerräumen aufzubewahren. In feuchter Luft ziehen die Farbstoffe und Chemikalien zum Teil begierig Feuchtigkeit an und backen zusammen (Methylviolett, Soda). Durch das Anziehen der Feuchtigkeit ändert sich auch die Konzentration, die Stärke der Farbstoffe. Zu warmes Lagern kann ein Zusammenbacken der Chemikalien (Tannin), Verwittern (Kristallsoda), und ein Eintrocknen der Teig-

und flüssigen Extraktfarbstoffe bewirken. Zu große Kälte verursacht ein Gefrieren der Teigprodukte, wodurch dem Färbevermögen geschadet werden kann.

Die Chemikalien werden in Fässern, Blechtrommeln, Kisten
oder Säcken verpackt geliefert; Natronlauge in Eisentrommeln,
Öle in Ölfässern oder Kannen; Säuren in Säureflaschen (Korb-
oder Eisenkorbglasflaschen); Essigsäure in Fässern.

Farbstoffe werden in Fässern, kleinere Mengen in Blechbüchsen verpackt geliefert. Die Verpackung der Teigfarbstoffe
erfolgt in Fässern, Blechkannen oder -Büchsen. Die Teigprodukte
haben verschiedene Konsistenz, von dünnflüssigem Zustand bis
zu fester Butterkonsistenz.

Faßdeckel lassen sich ohne Zertrümmern herausnehmen, nachdem die oberen Faßreifen entfernt bzw. gelockert worden sind.
Die Spunde der Fässer öffnet man in der Weise, daß man mit
einem breiten flachen Hammer auf die Daube um den Spund
herumschlägt. Der Spund wird dann herausgetrieben. Bei Essig-
säurefässern wird zuerst der Holzkrahnen eingesetzt, erst dann
öffnet man das zweite Spundloch, damit durch die hinzutretende
Luft die Flüssigkeit beim Öffnen des Krahnens ausfließen kann.

Da in den meisten Färbereien ein Abwiegen der Farbstoffe
und Chemikalien nicht stattfindet, so wird der Gebrauch flüssiger
Produkte oft vorgezogen. Diesem „Bedürfnis" wird durch Lieferung von Teigprodukten absichtlich entgegengekommen (Schwefelfarbstoffe in Teigform, flüssige Brechweinsteinersatzmittel). Das
Arbeiten mit Teig- und flüssigen Produkten ist unexakter, un-
rationeller und nicht vorzuziehen. Selbst beim sorgfältigsten Behandeln und Verschließen der Fässer, Kannen und Büchsen tritt
eine teilweise Konzentration durch Eintrocknen ein. Bei langem
Stehen findet auch ein Entmischen statt. Der Farbstoff setzt sich
als fester Satz zu Boden, und die Verrührung des Bodensatzes
zu einer mit der überstehenden Flüssigkeit wieder gleichmäßigen
Paste ist bei der Farbstoffentnahme langwierig. Ein genaues
Färben mit eingetrocknetem Farbstoff ist besonders in hellen
Nüancen bei Gebrauch geringer Farbstoffmengen nicht möglich.
Die Pulverprodukte verdienen deshalb den Vorzug.

Leicht veränderliche Farbstoffe sollen nicht zu lange aufbewahrt werden. Von diesen werden nur die unbedingt erforderlichen Mengen auf Lager vorrätig gehalten. Schwefelfarbstoffe
oxydieren sich beim Lagern; nach jahrelangem Aufbewahren zer-
setzen sich dieselben unter Zerstörung selbst der Blechbüchsen.
Mit alten Farbstoffen werden deshalb nach älteren Rezepten nicht

genau dieselben Nüancen erhalten. Schwefelfarbstoffe sollten nicht länger als zwei Jahre aufbewahrt werden.

Das Abwiegen der Farbstoffe und Chemikalien geschieht auf Dezimalwagen, für kleinere Mengen auf Tischdezimalwagen, Tafelwagen und Handwagen. Dementsprechend sind verschiedene Gewichtsätze für größere und kleinere Mengen (auch Grammbruchteile für konzentrierte Küpenpulverfarben z. B. für helle Nüancen) nötig.

Zum Abwiegen der Farbstoffe usw. eignen sich gut gelötete leere Farbstoffbüchsen, deren Deckel man ablötet. Es geschieht am einfachsten, indem die Büchsen vorne in der Dampfkesselfeuerung erwärmt werden, wobei der Deckel dann. von selbst herausfällt.

Das Abmessen (Säuren, Natronlauge, Öle) geschieht in Meßgefäßen, Meßzylindern aus Metall, Steingut, Porzellan oder Glas. Bei ständigem Gebrauch größerer Flüssigkeitsmengen oder deren Einstellung in Beizen zu 10, 20, 30 usw. Liter eicht man größere Gefäße (Eimer oder Kübel), oder man versieht einen Meßstock mit einer Marke, welche den gewünschten Inhalt des Gefäßes beim senkrechten Eintauchen angibt. Größere Mengen Chlorkalk kann man in Handfässern abmessen und aus dem Vorratsfaß entnehmen, nachdem man das Gewicht eines mit Chlorkalk gefüllten Handfasses festgestellt hat. Der Chlorkalk wird am besten nicht im Chemikalienlager, sondern neben dem Chlorkalkansatzbassin aufbewahrt, um beim Entnehmen die andern Chemikalien nicht zu verstauben und um beim Herumtragen Fleckenbildung des Staubes auf Textilwaren zu vermeiden.

Öle können gut mit einer durch das Spundloch des Fasses eingestellten Pumpe entnommen werde.

Das Entnehmen der Farbstoffe und Chemikalien geschieht mit Löffeln, kleineren und größeren Schaufeln. Für bestimmte Chemikalien (Hydrosulfit) verwendet man stets die gleiche trockene Schaufel. Feste Extrakte, Traubenzucker, werden zerschlagen. Das Zerkleinern befördert das Auflösen. Seifenblöcke zerschneidet man mit einem Draht. Zum rascheren Lösen schnitzelt man die abgewogene Seife mit einem Messer. Löffel, Schaufel und Messer sind nach Gebrauch stets wieder an den Aufbewahrungsplatz im Lager zu legen, anderenfalls jeden Augenblick die Utensilien verlegt oder verschwunden sind.

Der Staub mancher Farbstoffe und Chemikalien (Neublau, Chlorkalk, Naphtole und Entwickler) greift die Schleimhäute empfindlich an. Das Entnehmen des Pulvers muß deshalb vorsichtig geschehen. Durch Vorbinden eines Tuches, z. B. großen

Taschentuches, kann man Mund und Nase schützen. Bei Entnehmen und Ansetzen von Chlorkalk deckt man die Gefäße am besten mit Juteemballage zu, arbeitet vorsichtig unter diesen Tüchern und vermeidet so eine Ausbreitung des Staubes. Leicht staubende Farbstoffe werden zur Vermeidung von Staubfleckenbildung nicht in Pulverform in die Färberei gebracht, sondern im Farbstofflager gelöst, bezw. genetzt oder angeteigt.

Man unterscheidet in Wasser lösliche, unlösliche und zu extrahierende Farbstoffe und Chemikalien. Zu der ersten Gruppe gehören die Mehrzahl der gebrauchten Farbstoffe und Chemikalien; zu der zweiten Gruppe z. B. die Küpenfarbstoffe, Kreide, Bleiglätte, und zu der dritten Gruppe z. B. Farbhölzer, Sumachblätter. Das Lösen der Farbstoffe geschieht in möglichst weichem Wasser. Die Farbstoffe werden mit heißem, kochendem Wasser übergossen und bis zur Lösung verrührt. Auramin wird in nicht über 80° warmem Wasser gelöst, da es sich bei höherer Temperatur zersetzt. Kalkempfindliche und auch schwer lösliche basische Farbstoffe rührt man vorher mit Essigsäure an und löst durch Übergießen mit kochendem Wasser. Zum Nüancieren gebrauchte Farbstoffe kann man in geringerer Menge in Töpfen gelöst vorrätig halten. Größere Farbstoffmengen rührt man mit Wasser an und kocht in einem Kübel auf. Das Einleiten von hochgespanntem Dampf muß in konzentrierten Farbstofflösungen langsam geschehen, um bei zu hoher Temperatur des einströmenden Dampfes ein Verharzen der Farbstoffe in der stark konzentrierten Lösung zu vermeiden. Schwefelfarbstoffe werden unter Zusatz der zum Färben erforderlichen Schwefelnatrium- und auch Traubenzuckermenge durch Übergießen mit kochendem Wasser bei eventuellem Aufkochen gelöst. Küpenfarbstoffe sind anzuteigen. Naturindigo wird zuerst in Kugelmühlen gemahlen, künstlicher Indigo in Teig abgewogen und mit kochendem Wasser zu dünnflüssigem, gleichmäßigem Teig angerührt. Pulverküpenfarbstoffe kann man in einem Mörser mit wenig Wasser zu einem Teig verreiben. Das Anteigen geschieht sonst unter Zusatz von Türkischrotöl oder Türkischrotölpräparaten oder mit spiritushaltigem Wasser (100 ccm Spiritus im Liter Wasser), welches die Farbstoffe leicht netzt. Türkischrotöl wirkt auf das Aufziehen mancher Küpenfarbstoffe stark verzögernd, was bei Verwendung desselben zum Netzen der Farbstoffpulver zu beachten ist. Größere Farbstoffmengen kann man auch netzen und anteigen durch Übergießen mit wenig kochendem Wasser. Durch langsames weiteres Zugießen von kochendem Wasser wird der Farbstoff zuerst zu einem dicken Brei verrührt und angeteigt, der sich durch Zugabe von größeren Mengen kochendem Wasser leicht zu einem dünnflüssigen Teig anrühren läßt. Die Pulvermarken der Küpenfarbstoffe sind fast alle so fein gemahlen, daß sie angeteigt zur Reduktion und zum Färben direkt verwendet werden können. Vereinzelte Pulverküpenfarbstoffe enthalten jedoch gröbere Farbstoffteilchen, die sich selbst in konzentrierteren Stammküpen nicht lösen. Wie beim Naturindigo ist bei solchen Pulverfarbstoffen ein vorheriges Mahlen oder Verreiben in einem größeren Mörser erforderlich.

Das Lösen, „Verküpen" der Küpenfarbstoffe geschieht im Färbebad, bezw. in einem Teil desselben, besser und zuverlässiger jedoch in einer besonderen Stammküpe, die man in einem Topf, Eimer oder kleineren Kübel ansetzt. Das Verküpen des Indigos geschieht stets in konzentrierterer Lösung, der Stammküpe. Durch das Verküpen in konzentrierterer Lösung wird ein sicheres und vollständigeres Lösen, besonders bei Pulverfarbstoffen erreicht, während beim Verküpen in längeren Farbflotten leicht Farbstoffteilchen der Reduktion entgehen und die gewünschten und erwarteten Färbungen dann nicht erhalten werden können. Beim Ansetzen in Stammküpen ist zu beachten, daß diese nicht zu konzentriert gehalten und auch nicht zu lange stehen gelassen werden. Beim Erkalten der zu konzentrierten Stammküpen kann sich der Leukofarbstoff in Klumpen ausscheiden, die sich nur schwierig wieder lösen.

Zu extrahierende Farbstoffe (Farbhölzer, Sumachblätter) wiegt man in einem Sack ab und kocht denselben im Färbebad oder in einem Kübel aus. Extrahiert man Sumachblätter ohne Sack in einem Kübel oder Kessel, so wird nach dem Auskochen durch Zugabe von kaltem Wasser „abgeschreckt", die Blätter setzen sich als Satz zu Boden, und die extrahierte Flotte wird durch ein Sieb dem Beizbade zugegeben.

Naphthol- und Entwicklerlösungen bewirken auf der Haut zum Teil Ausschläge. Hände und Arme sind deshalb beim Arbeiten mit solchen Lösungen durch Gummihandschuhe und Bedecken der Arme zu schützen.

Das Reinigen der Hände von Farbstoffen geschieht mit einer Chlorkalk-Sodalösung. Dieselbe wird in einem Steintopf durch Verrühren gleicher Teile Chlorkalk mit Soda zu einem dünnen Brei angesetzt.

VII. Die Fabrikationsverfahren.
Das Mercerisieren.

Die Behandlung der Baumwolle mit Natronlauge wird nach ihrem Entdecker John Mercer (1844) Mercerisieren genannt. Beim Behandeln mit konzentrierter Natronlauge schrumpft die Faser $1/4$ bis $1/5$ ihrer Länge ein, zeigt eine erhöhte Anziehungskraft für Farbstoffe, eine höhere Zerreißfestigkeit und höheren Feuchtigkeitsgehalt als gewöhnliche Baumwolle. Die von Mercer gemachte Beobachtung fand außer bei der Herstellung der Kreppartikel erst technische Bedeutung durch die Erfindung von Thomas und Prevost in Crefeld (1895), welche Baumwolle zur Verhinderung des Einschrumpfens in gestrecktem Zustand der Einwirkung der Natronlauge aussetzten, wobei das Auftreten des seidenartigen Glanzes der Baumwolle beobachtet wurde. Das Mercerisieren, die Erzeugung von Seidenglanz auf Baumwolle, wurde schnell von ungeheurem technischen Wert und im größten Maße technisch ausgebeutet, nachdem die Patente für nichtig erklärt worden waren.

Die praktische Ausführung des Mercerisierens ist sehr einfach. Die Baumwolle wird in Form von Garn in gespanntem Zustand kurze Zeit der Einwirkung ca. 30^0 Bé. starker Natronlauge bei gewöhnlicher Temperatur ausgesetzt. Darauf wird zuerst unter Beibehaltung der Spannung gewaschen. Zur vollständigen Entfernung der Natronlauge wird abgesäuert und wieder gewaschen.

Zum Mercerisieren der Garne werden die verschiedenartigsten Mercerisiermaschinen der verschiedenen Maschinenfabriken benutzt, die mehr oder weniger automatisch arbeiten.

Für die Erzeugung eines guten gleichmäßigen Seidenglanzes beim Mercerisieren sind verschiedene Faktoren von Einfluß. Trotzdem heute alle Baumwollsorten, selbst schlechteste Louisianagarne, mercerisiert werden, ist in erster Linie die Qualität des Glanzes von der zu mercerisierenden Baumwolle selbst abhängig. In der Hauptsache gibt ägyptische Maccobaumwolle den besten Seidenglanz. Weiter sind die Stapellänge, die Gasierung und Drehung des Garnes von Einfluß auf den beim Mercerisieren erzeugten Seidenglanz. Die Baumwolle ist vollkommen und gleichmäßig mit der Natronlauge zu durchtränken. Das Garn muß also sorgfältig abgekocht und geschleudert sein, damit ein gleichmäßiges Mercerisieren erreicht wird. Die exakte Vorbehandlung der Garne, das Abkochen und Schleudern, ist für den Ausfall der Mercerisierung und damit auch für die Egalität der späteren Färbung von größtem Einfluß. Die Garne werden sorgfältig geordnet, „auf den Bendel gelesen", und mit Blechschaufeln auf die Walzen der Mercerisiermaschine gelegt, damit beim Strecken ungeordnete Stränge kein Zerreißen einzelner Fäden verursachen.

Die mercerisierte Baumwolle zeigt erhöhte Aufnahmefähigkeit für Farbstoffe, so daß $^1/_4$ bis $^1/_5$ weniger Farbstoff als bei gewöhnlicher Baumwolle gebraucht wird.

Nach dem Mercerisieren kann das Garn direkt weiter verarbeitet, gebleicht und gefärbt werden. Wird nach dem Mercerisieren, wie zumeist, getrocknet, so wird die Affinität der Faser für Farbstoffe etwas geringer. Nasses mercerisiertes Garn färbt sich wesentlich dunkler als vorher getrocknete und wieder genetzte oder abgekochte mercerisierte Baumwolle. Diese beiden Arten können deshalb nicht zusammen gefärbt werden. In Lohnfärbereien wird am vorteilhaftesten deshalb das mercerisierte Garn vorher getrocknet, um ein Zusammenfärben mit zur Verarbeitung trocken erhaltenen mercerisierten Garnen zu ermöglichen. Man vermeidet so auch Unegalitäten, die durch teilweises Antrocknen der Garne im Sommer leicht entstehen können, indem diese angetrockneten Stellen beim Färben heller ausfallen.

Die Mercerisierlauge wird am besten aus festem Ätznatron, kaustischer Soda, hergestellt, um die konzentrierten Spülwässer zum Auflösen verwenden zu können. Das Auflösen geschieht in eisernen Gefäßen.

Beim Arbeiten an der Mercerisiermaschine gebraucht man zum Teil Gummihandschuhe. Gummihandschuhe sind nach Gebrauch gut abzuspülen, luftig zu trocknen und aufzubewahren und nicht naß aufeinandergeworfen liegen zu lassen.

Nach dem Absäuren ist gut zu spülen, damit nicht durch Säurereste beim Trocknen der Garne Faserschwächung eintreten kann. Dem letzten Spülbad wird deshalb zuweilen Soda zur Neutralisation etwaiger Säurereste zugegeben.

Das Bleichen.

Das Bleichen bezweckt eine Reinigung und Entfernung der natürlichen Farbe der Rohfaser. Gebleicht werden deshalb für „Weiß" und für helle klare Farbnüancen bestimmte Garne, Bänder und Litzen. Dies geschieht entweder in der auch bei der Baumwolle verwandten Kunstseide üblichen Weise durch Behandlung mit den Bleichflüssigkeiten auf der Barke (Fixbleiche, fixen), oder für Baumwolle rationeller nach den in der Bleicherei üblichen Arbeitsmethoden. Für das Bleichen der Baumwolle besitzt die Chlorbleiche die Hauptbedeutung. Bei keiner anderen Fabrikationsmethode in der chemischen Textilveredlungsindustrie herrschen so viele Variationen vor, wie bei der Chlorbleiche. Fast in jedem Betrieb wird in etwas anderer Weise gearbeitet. Daraus folgt die Möglichkeit die Chlorbleiche ganz verschieden zu handhaben, dann aber trotz zahlreicher Einzeluntersuchungen, daß die verschiedenen Arbeitsmethoden zusammenhängend noch nicht genügend experimentell auf ihren Reaktionsverlauf und ihren Bleicheffekt erforscht worden sind. Dies gilt besonders für die Chlorbleichlaugen betreffs rationeller Ausnutzung der Bleichwirkung, der Erzielung des besten Weißgrades und der besten Lagerbeständigkeit des Weiß. Begründet ist dies dadurch, daß Betriebsuntersuchungen über den Bleichprozeß im großen mit großen Mengen Bleichgut noch verhältnismäßig wenig ausgeführt und bekannt geworden sind, und daß Versuche im großen mit teuren größeren Posten Bleichmaterial nur vorsichtig vorgenommen werden können.

Das Bleichen zerfällt in zwei Operationen, das Bäuchen und das eigentliche Bleichen, das Chloren. Das Bäuchen geschieht durch Kochen der Baumwolle mit kaustischer Sodalösung, welcher eventuell Türkischrotöl oder Türkischrotölpräparate usw. zugefügt werden. Nach dem Bäuchen und Spülen wird mit Chlorkalklösung (Elektrolytlauge) gebleicht, gespült, abgesäuert, wieder gespült, für Weiß dann kochend geseift, und je nach der gewünschten Nüance, Milchweiß oder Blauweiß, und der gewünschten Appretur gebläut und appretiert.

Gut gebäucht ist halb gebleicht. Von einem guten, genügend langen Bäuchen hängt das beim Bleichen erzielte Weiß, und dessen Qualität, Haltbarkeit und Lagerbeständigkeit ab. Das Bäuchen entfernt die Verunreinigungen der Zellulosespinnfasern, Harze, Wachs, Fette, Farbstoffe usw. Die Fettstoffe werden verseift und gelöst. Die Entfernung dieser Verunreinigungen bedingt mit die Haltbarkeit des späteren Weiß und verhindert das Vergilben.

Als Chlorlaugen werden elektrolytische Chlorlaugen, und in den meisten Fällen Chlorkalklösungen verwendet. Für den Bleicheffekt ausschlaggebend sind bei Chlorlaugen der Chlorgehalt, die Alkalinität und die Temperatur. Ein bestimmter Chlorgehalt ist je nach dem zu bleichenden Material zur Erzielung von Weiß erforderlich. Zu hoher Chlorgehalt kann durch Überbleichen die Faser schwächen (Verbrennen der Faser, Oxyzellulosebildung). Von der Alkalinität der Lauge hängt die Bleichwirkung und Bleichgeschwindigkeit der Lauge ab. Alkalische Laugen bleichen langsamer, neutrale bis schwach saure, freie unterchlorige Säure enthaltende Laugen schneller, nutzen also auch den Chlorgehalt besser aus.

Die Alkalinität ändert sich beim Bleichprozeß teilweise. Wird die Chlorflotte durch das Bleichgut zirkulieren gelassen, so wird durch die Einwirkung der Kohlensäure der Luft die Reaktion der Bleichlaugen beeinflußt. Von gleich großem Einfluß ist die Temperatur beim Chloren. Man bleicht kalt oder warm bis z. B. 30^0. Das warme Bleichen ist vorläufig noch weniger allgemein verbreitet. Die Einhaltung einer bestimmten Temperatur ist aber für die Gleichmäßigkeit des Bleichverfahrens von Vorteil, da die Temperaturschwankungen des Wassers im Sommer und im Winter hierdurch ausgeglichen werden. Mit steigender Temperatur steigt die Bleichwirkung der Chlorlaugen. Bei strenger Kälte im Winter wirken eiskalte Chlorlaugen kaum oder nur äußerst langsam.

Abgesehen von der Einwirkung der Alkalinität und Temperatur auf die Ausnutzung der Chlorlaugen, sind diese Faktoren auch für die Qualität des erzielten Weiß von großer Bedeutung. Durch alkalische Bleichlaugen werden die entfärbten oxydierten Verunreinigungen besser ausgelaugt als in sauren Chlorbädern. Die Entfernung der oxydierten Verunreinigungen ist aber für die Haltbarkeit, das Vergilben des Weiß von Einfluß.

Das meist kalt, weniger gebräuchlich warm ausgeführte Absäuren mit Schwefelsäure nach dem Chloren und Spülen zersetzt und entfernt die Kalkverbindungen. Weiter ist dem Absäuren auch ein Einfluß auf die Lösung und Entfernung von gebleichten Verunreinigungen der Ware zuzuschreiben. Beim Bleichen mit Chlorkalklösung wird durch das Absäuren der Grad des Weiß oft schon stark verbessert.

Das nach dem Bleichen und Absäuren für Weiß in der Baumwollbleicherei übliche heiße, kochende Seifen wirkt auf den Grad des erzielten Weiß und hat auch zweifellos für die Entfernung der auf der Faser noch haftenden Verunreinigungen, und damit auch wieder auf die Haltbarkeit, das Vergilben der Ware ausschlaggebende Wirkung.

Die technische Ausführung des Bleichens, besonders die Herstellung der Chlorlaugen ist die verschiedenartigste. Das Bleichen, Bäuchen und Chloren geschieht entweder direkt hintereinander in einem Materialbehälter, Holzkessel oder -Bottich, oder verbleiten Eisenkessel, oder aber getrennt nach Bäuchen und Chloren in verschiedenen Gefäßen.

Das Bäuchen erfolgt mit oder ohne Druck. Die Kochkessel sind aus Eisen, verbleitem Eisen oder aus Holz. Die Baumwolle wird in den Kochkessel eingepackt, meist nicht geknudelt, sondern reihenweise eingesetzt, die einzelnen Sorten sorgfältig abgezeichnet, die einzelnen Lagen festgetreten, das Ganze mit Kochlappen und Siebhorden abgedeckt. Dann wird Wasser eingelassen, kaustische Sodalösung zugegeben und zum Kochen erhitzt. Bei Druckkesseln wird der an Ketten an einem Drehgestell hängende Deckel aufgesetzt, festgeschroben, und die Ventile erst beim Kochen nach Entweichen aller Luft geschlossen.

Die Zirkulation im Kessel wird durch das Überkochrohr des Kessels oder durch Rotationspumpen bewirkt.

Nach genügender Kochdauer wird der Dampf abgestellt, bei Druckkesseln der Druck abgelassen und der Deckel geöffnet, oben im Kessel Wasser zulaufen, und die Kochlauge durch Öffnen des Ablaufhahnes unten ablaufen gelassen. Das Ablaufen der Kochlauge geschieht also unter ständigem Zulaufenlassen kalten Wassers. Das Bleichgut ist dadurch ständig von der Flüssigkeit bedeckt, kommt mit der Luft (Oxyzellulosebildung) und den heißen Kesselwandungen (Antrocknen) nicht in Berührung. Man spült so lange, bis das Wasser klar abläuft.

Das verschiedenartige Ansetzen der Chlorbäder bewirkt deren ganz verschiedene Reaktion. Die Elektrolytlauge wird in den Bleichelektrolyseuren verschiedener Konstruktion und Bauart hergestellt. Zur Herstellung der Chlorkalkbäder muß der Chlorkalk zu Brei angerührt und mit Wasser ausgelaugt werden. Das Anrühren des Chlorkalkes geschieht mechanisch in Chlorkalkrührern oder mit der Hand durch Anrühren, Zerreiben und Zerdrücken der Klumpen mit Spaten, Reiserbesen oder dergleichen.

Der zu Teig angerührte Chlorkalk wird entweder direkt in das Chlorkalkbassin gegeben, umgerührt, absitzen gelassen und die überstehende klare gebrauchsfertige Lösung durch einen über dem Boden befindlichen Ablaufhahn entnommen, oder der Chlorkalkteig wird in konzentrierter Lösung absitzen gelassen und die überstehende klare konzentrierte Flüssigkeit für den Gebrauch in einem größeren Bassin mit Wasser verdünnt und nach event. nochmaligem Absitzenlassen zum Bleichen verwendet. Wird zur Herstellung der Bleichlauge konzentrierte Chlorkalklösung mit Wasser verdünnt, so resultieren geringer alkalische Flüssigkeiten. Die Art des Ansetzens und des Auslaugens des Chlorkalkes ist somit für die Reaktion der Bleichbäder und damit deren Wirkungsweise bestimmend. Zuweilen werden den Chlorflotten noch kleine Mengen Schwefelsäure zugesetzt, die ein besseres Absitzen des Unlöslichen und Klären der Flüssigkeit bewirken sollen, oder die Alkalinität des klaren Chlorbades wird mit genau dosierten berechneten Schwefelsäuremengen herabgesetzt und abgestumpft, um mit nahezu neutralen und damit besser auszunutzenden Laugen zu arbeiten.

Die Baumwolle wird in den Bleichbottich eingelegt, die Chlorlauge überlaufen und durch Pumpen zirkulieren gelassen, oder die Baumwolle wird halben- oder paarweise durch die Chlorlauge mit der Hand durchgezogen, gewaschen und in den Bleichbottich eingeworfen. Die Baumwolle wird in Kranzform oder lang gestreckt mit flachem, ganz losem Kopf in den Bleichbottich eingelegt. Das Einlegen und Einwerfen der Ware muß regelmäßig, am besten in abwechselnden senkrechten und wagerechten Lagen unter geeigneter Abzeichnung der einzelnen Partien geschehen, so daß beim Auspacken die verschiedenen Partien und Sorten direkt wieder kenntlich sind.

Das Spülen nach dem Chloren geschieht am besten in der Weise, daß der Bleichbottich ganz ablaufen gelassen und dann mit Wasser gefüllt und wieder leerlaufen gelassen wird. Durch das wiederholte Leer- und Vollaufenlassen des Bleichbottichs wird eine geregelte Verdünnung, ein besseres und sichereres Auswaschen der Bleichflüssigkeit erzielt, als durch ein ununterbrochenes Zu- und Ablaufenlassen von Wasser, wobei bei schlechter Zirkulation im Bottich ganze Teile der Ware ungenügend ausgewaschen werden. Das gleiche gilt für das Auswaschen der Säure nach dem Absäuren.

Zuweilen werden zur Zerstörung von Chlorresten und Chloraminverbindungen Antichlorbäder verwendet (unterschwefligsaures Natron, Wasserstoffsuperoxyd, Ammoniak).

Das Seifen und darauf folgende Spülen geschieht mit möglichst weichem Wasser.

Zum Bläuen der Ware dienen die unlöslichen Ultramarinblaus oder verschiedene lösliche (basische Farbstoffe und saure Wollfarbstoffe) und unlösliche Teerfarbstoffe (Indanthrenblau). Gebläut wird auf der Barke durch ein Waschen der Strangware mit der Hand oder gleichmäßiger durch ein Umziehen der Ware auf Stöcken (Umziehern) in der Bläuflüssigkeit. Das Bläuen wird eventuell mit einem Appretieren, Stärken der Garne, vereinigt.

Das Bleichen mit Wasserstoffsuperoxyd, Natriumsuperoxyd, Perborat, Kaliumpermanganat ist für Baumwolle von geringerer Bedeutung.

Beim Arbeiten in der Bleicherei müssen die Arbeiter saubere Kleider oder Schürzen tragen. Beim Auspacken der Kochkessel und Bleichbottiche werden bestimmte reservierte reine Holzschuhe benutzt. Die Bänke zum Aufstapeln der Bleiche dürfen nicht für Farben gebraucht werden, anderenfalls dieselben mit reinen Tüchern oder Lappen abzudecken sind.

Die Färbeverfahren.

Substantive Baumwollfarbstoffe. Die substantiven Baumwollfarbstoffe färben die Baumwolle direkt ohne Beizen. Das Lösen der Farbstoffe geschieht in möglichst kalkfreiem Wasser. Die Farbstofflösung wird dem Farbbade durch ein feines Haarsieb zugegeben. Das Sieb wird mit heißem Wasser nachgespült und ungelöste Farbstoffteile durch Übergießen mit kochendem Wasser in Lösung gebracht. Die Affinität der Baumwolle, bezw. das Ausziehen der Farbbäder hängt von der Länge der Farbflotte, deren Temperatur, den jeweiligen Salzzusätzen und der Dauer des Färbens ab.

Je kürzer die Farbflotte, um so dunkler fällt die Färbung bei gleichen Mengen Baumwolle aus. Das Lösungsvermögen der Farbflotte wird deshalb praktisch beschränkt durch Anwendung möglichst kurzer Bäder. Für helle Nuancen verwendet man längere Flotten, für dunkle Nuancen verringert man die Flottenmenge. Das Durchschnittsverhältnis von Baumwolle zur Flotte ist etwa 1:20 bei Garn. Für Schwarz, schwere Riemen und Litzen kann dies Verhältnis noch wesentlich herabgesetzt werden. Die Kürze der Farbbäder erfährt eine Schranke durch die zu erfüllende Bedingung, daß das zu färbende Material noch gut im Färbebad hantiert werden kann.

Die Temperatur regelt den Färbeprozeß. Kalt ziehen die substantiven Baumwollfarbstoffe langsam, meist unvollständig, bei höherer Temperatur bis kochend schneller auf die Faser. Dementsprechend werden helle Nuancen kalt bis 50^0, mittlere Nuancen 50^0 bis kochend, und dunkle Nuancen kochend heiß gefärbt.

Die Löslichkeit der Farbstoffe und die Affinität zur Faser wird dann beeinflußt durch die Salzzusätze. Kochsalz und Glaubersalz verringern die Löslichkeit des Farbstoffes, wirken aussalzend und damit beschleunigend auf den Färbeprozeß. Soda dient zur Korrektur kalkhaltigen Wassers, verringert auch zum Teil das Aufziehen. Einige Farbstoffe dürfen nicht alkalisch, müssen also ohne Sodazusatz gefärbt werden. Säureempfindliche Farbstoffe färbt man alkalisch. Seife, Türkischrotöl und Türkischrotölpräparate verzögern das Aufziehen, wirken egalisierend, dienen also als Zusätze für helle und schwer egalisierende Farben und als Zusatz der für Farbstoffe höhere Affinität besitzenden mercerisierten Baumwolle, um hier ein langsameres egaleres Aufziehen zu bewirken. Türkischrotölzusatz hebt das Feuer mancher roter Farbstoffe.

Der letzte Faktor für das Ausziehen der Farbbäder ist die Dauer des Färbens, mit deren Länge ein erhöhtes Ausziehen bewirkt wird, bis ein Gleichgewichtszustand zwischen Faser und Farbstoff erreicht ist.

Entsprechend dem Einfluß dieser den Färbeprozeß bedingenden Faktoren werden helle Farben (creme, rosa) kalt bis 30—50⁰ unter Zusatz von Soda, Seife, Türkischrotöl, eventuell geringen Mengen phosphorsauren Natrons oder Glaubersalz oder auch gegebenenfalls am einfachsten und billigsten ohne jeden Zusatz gefärbt. Mittlere Nuancen färbt man bei 50⁰ bis kochend mit Soda und Glaubersalz oder Kochsalz. Dunkle Nuancen kochend mit erhöhten Salzzusätzen. Eigentlich starkes Kochen ist nicht nötig, dagegen erfordern verschiedene schwarze substantive Baumwollfarbstoffe auch richtige Kochtemperatur beim Färben. Durch ein Nachziehenlassen im erkaltenden Bade wird oft ein besseres Ausziehen der Farbstoffe erreicht. Bei Egalisierungsschwierigkeiten setzt man somit die Temperatur herab, verringert oder unterläßt die Salzzusätze, gibt Seife oder Türkischrotöl dem Farbbade zu.

Beim Färben von hellen und mittleren Nuancen ziehen die Farbbäder ziemlich vollständig aus. Bei dunklen Nuancen bleibt dagegen ein größerer Teil Farbstoff im Farbbade zurück. Das alte Färbebad dient als „stehendes“ Bad zum Färben weiterer Partien. Je nach der Länge der Flotte ist für die folgenden Partien $^1/_4$ bis $^1/_2$ weniger Farbstoff nötig wie beim „Ansatzbad“. Ebenso verringern sich die Salzzusätze beim Färben auf stehenden Bädern. Man gebraucht ca. $^1/_4$ bis $^1/_3$ der zuerst angewandten Salzmengen beim Weiterfärben. Eine Kontrolle des Salzgehaltes der Bäder bietet die spezifische Dichte derselben, welche kalt durch Spindeln mit dem Aräometer kontrolliert wird. Farbbäder für dunkle Nuancen sollen nicht mehr als 4—5⁰ Bé spindeln, anderenfalls der Salzzusatz zeitweise unterbleiben kann.

Nach ihrer verschiedenen Affinität zur Faser sind die Farbstoffe verschieden für Mischnuancen, Modetöne geeignet, für welch letztere nur gut egalisierende Farbstoffe verwandt werden können. Nach dem Färben wird zur Entfernung der lose anhaftenden Farbstoffe, bzw. der anhaftenden gefärbten oder klaren salzhaltigen Farbflotte in Wasser gespült. Werden Garne nach Gewicht verkauft, so wird nach dem Färben im kochsalzhaltigen Färbebade zuweilen nicht gespült. Die anhaftenden Salze sollen eine geringe Gewichtsvermehrung der Faser bewirken.

Die Farbstoffe werden von den verschiedenen Farbenfabriken unter Fantasienamen in den Handel gebracht, die in ihrer großen Zahl und Verschiedenartigkeit jede Einheitlichkeit vermissen lassen. Da bei der Namengebung nur das Geschäftsinteresse der einzelnen Farbenfabrik maßgebend sein kann, so ist eine Änderung und Vereinfachung der Farbstoffnamengebung nicht zu erwarten. Es kommt auch selbst vor, daß z. B. ein und derselbe schwarze Farbstoff von einer Fabrik mit zweierlei Markengebung im Handel ist. Dadurch kann z. B. einer Konkurrenz unauffälliger begegnet und der gleiche Farbstoff dann unter anderer Marke billiger angeboten werden. Zu den substantiven Baumwollfarbstoffen gehören die verschiedenen Benzo- (Bayer), Congo-, Columbia- (Berlin), Diamin- (Cassella), Dianil- (Höchst), Mikado- (Farbwerk Mühlheim), Naphtamin- (Kalle), Oxamin-, Baumwoll-, Pyramin- (BASF), Toluylen-, Triazol- (Oehler) usw. Farbstoffe.

Die Echtheit der substantiven Baumwollfarbstoffe ist verschieden. Sie sind z. T. mehr oder weniger lichtecht und z. T. auch sehr lichtunecht. Je nach ihrer Löslichkeit werden sie durch Wasser oder Seife von der Faser wieder abgezogen. Die Farbe „läuft aus" und „blutet". Sie sind also in der Mehrzahl nicht waschecht, z. T. auch nicht wasserecht. Helle Nuancen (creme, rosa) können Waschechtheit besitzen, das gleiche gilt für vereinzelte dunkle Färbungen von sehr schwer löslichen Farbstoffen. Eine große Zahl der substantiven Färbungen ändert in der Hitze ihre Nuance, was beim Abmustern der Farben zu beachten ist. Einzelne Farben müssen nach dem Trocknen auf der Trockenkammer erst in kalter Luft verhängt werden, um wieder die richtige Nuance bei normalem Feuchtigkeitsgehalt zu erhalten. Verschiedene Farbstoffe sind sehr chlorecht, einige gelbe Farbstoffe z. B. gleichzeitig auch nicht reduzierbar und deshalb zum Umfärben nicht abziehbar.

Zur Verbesserung der Echtheit dienen die Nachbehandlungsmethoden. Die substantiven Farbstoffe werden nachbehandelt mit Metallsalzen, mit Kupfervitriol (Nachkupfern) zur Erhöhung der Lichtechtheit, mit Chromkali, Fluorchrom, Chromalaun (Nachchromieren) zur Verbesserung der Waschechtheit, und mit Chromkali und Kupfervitriol zur Erhöhung der Wasch- und Lichtechtheit. Die Nachbehandlung erfolgt unter Zusatz von Essigsäure (Ameisensäure) in heißem bis kochendem Bade in $^1/_4$ bis $^1/_2$ Stunde. Tonerdesalze, Alaun und essigsaure Tonerde erhöhen die Wasserechtheit. Diese Behandlung dient auch zum Wasserdichtmachen und gehört dann zu den Appreturverfahren. Die in der Baumwollfärberei gebrauchten Appreturmittel (Stärke, Öle) wirken mehr oder weniger auf die Lichtechtheit der Färbungen ein. Die Waschechtheit wird bei einzelnen geeigneten Farbstoffen auch durch Formaldehydnachbehandlung verbessert. Primulin kann mit Chlorkalk nachbehandelt werden.

Substantive Baumwollfarbstoffe, welche freie Amidogruppen enthalten, können diazotiert und mit Aminen und Phenolen („Entwicklern") zu neuen Azofarbstoffen gekuppelt („entwickelt") werden. Durch dieses Verfahren wird das Farbstoffmolekül vergrößert, die Nuance der Farben zum Teil ganz verändert (Primulingelb zu Primulinrot), anderseits aber besonders die Löslichkeit verringert und damit die Waschechtheit erhöht. Die Diazotierung erfolgt nach dem Spülen der mit substantiven Farbstoffen gefärbten Baumwolle (vorheriges Schleudern ist nicht nötig) in einem kalten Bade mit Nitrit unter Zusatz von Schwefelsäure oder Salzsäure $\frac{1}{4}$ Stunde lang. Das Diazotierungsbad muß freie salpetrige Säure enthalten und Jodkaliumstärkepapier blau färben. Hierauf wird einmal gespült in angesäuertem Wasser (stark kalkhaltiges, karbonatalkalisches Wasser kann Flecke bilden) und dann in kaltem Bade mit den verschiedenen Entwicklern (Betanaphtol, Resorcin, Phenol, m-Phenylendiamin usw.) $\frac{1}{4}$ bis $\frac{1}{2}$ Stunde entwickelt und gespült. Die diazotierten und nicht entwickelten Garne sind lichtempfindlich, dürfen deshalb nicht dem direkten Sonnenlicht ausgesetzt werden. Statt mit Entwicklern gekuppelt zu werden, können einzelne Farben durch Verkochen der diazotierten Färbung mit Soda (30—50⁰ warmes Sodabad) fixiert werden. Das Diazotierverfahren kommt in Frage für waschechte Farben, für Schwarz mit Seidengriff (saure Avivage) auf mercerisierte Baumwolle, für wasch- und reibechte Badeteppiche usw.

Mit diesem Verfahren verwandt ist das Kupplungsverfahren. Die gefärbte Baumwolle wird $\frac{1}{2}$ Stunde kalt mit diazotiertem Paranitranilin, mit Nitrazol, Benzonitrolentwickler, Nitrosaminrot, Azophorrot und der zur Abstumpfung des Säuregehaltes nötigen Menge Soda und essigsaurem Natron behandelt. Das Verfahren erhöht ebenfalls die Waschechtheit.

Die Nachbehandlung mit Solidogen A (Höchst) bewirkt auch eine Änderung des Farbstoffes in schwerer lösliche und gegen die Gebrauchseinwirkung größeren Widerstand besitzende Form. Diese Nachbehandlung erzeugt bessere Wasch- und Säureechtheit.

Säureempfindliche Farbstoffe, die auch zweckmäßig mit Soda gefärbt werden, kann man mit Sodalösung avivieren, um die Säureempfindlichkeit herabzusetzen.

Substantive Farbstoffe zeigen Affinität zu basischen Farbstoffen. Die basischen Farbstoffe können deshalb zum Übersetzen, Nuancieren, Schönen derselben dienen.

Durch die Nachbehandlung wird in der Regel die Farbnuance geändert. Das Abmustern beim Färben geschieht deshalb in der Weise, daß ein Strang der Partie (bei kleineren Partien und öfterem Mustern, ein kleiner Teil eines bestimmten Stranges) in der für die betreffende Nachbehandlung üblichen Weise im kleinen (Becher oder Topf) nachbehandelt wird. Ein derartiges Mustern findet bei allen Färbeverfahren statt, die durch eine Oxydation, Nachbehandlung oder Avivierung eine Änderung der Nuance bedingen (Schwefelfarbstoffe, Küpenfarbstoffe).

Die Nachbehandlungsmethoden für substantive Baumwollfarbstoffe haben durch die Einführung der Schwefel- und Küpenfarbstoffe zum Teil an Bedeutung verloren.

Säurefarbstoffe. Man färbt kalt oder lauwarm unter Zusatz von Kochsalz und Alaun in kurzen konzentrierten Farbflotten.

Ponceau, Croceinscharlach.

Man färbt kalt oder lauwarm in konzentrierten Farbstoffbädern unter Zusatz von Kochsalz.

Phloxin, Eosin, Rose Bengale, Rhodamin.

Das Flottenverhältnis wird so kurz wie möglich genommen, so daß eben noch hantiert werden kann. Nach dem Färben wird zur Entfernung und Wiedergewinnung der überschüssigen Farbflotte abgewrungen und dann zur Egalisierung am Wringpfahl eingetrocknet oder besser geschleudert.

Die Farbbäder werden nur schlecht ausgenutzt und zum Weiterfärben aufbewahrt. Auf stehendem Bade gebraucht man nur $^1/_4$ bis $^1/_5$ Farbstoff der Ansatzmenge.

Lebhafte Nuancen für Exportartikel werden nach diesen Verfahren gefärbt. Echtheitsansprüche, besonders Wasser- und Waschechtheit, können an diese Färbungen nicht gestellt werden.

Die zu den Säurefarbstoffen gehörenden Wasserblaus werden in der Regel wie basische Farbstoffe auf Tannin- oder Sumach-Antimon- oder Tonerdebeize gefärbt.

Basische Farbstoffe. Die basischen Farbstoffe, Salze künstlicher organischer Basen, färben die Baumwolle nicht direkt, sondern nur nach einem Beizen mit sauren Beizen, Gerbsäuren oder Türkischrotöl. Beim Färben verbindet sich die Farbbase des Farbstoffes mit der sauren Beize zu einem unlöslichen Farblack.

Färben auf Gerbstoffbeize. Als Gerbstoffe werden hauptsächlich Tannin, Sumach (Sumac, Schmack), Sumachextrakt, Kastanienextrakt gebraucht.

Am gebräuchlichsten wird die Baumwolle mit Tannin gebeizt. Die Baumwolle wird in möglichst kurzer Flotte in ca. 60° warme Tanninbäder eingelegt (eingesteckt) und mehrere Stunden oder über Nacht im Beizbade erkalten gelassen. Zur Wasserkorrektur wird das Beizbad schwach mit Essigsäure angesäuert. Bei angesäuerten Tanninbädern ist die Oxydation des Tannins durch die Luft, die sich in einer Dunkelfärbung des Tannins zeigt, verlangsamt, außerdem befördert der Säurezusatz etwas das Ausziehen des Beizbades. Die von der Baumwolle aufgenommene Tanninmenge hängt von dem Flottenverhältnis, also der Konzentration des Bades, von der Temperatur und der Beizdauer ab.

Gerbstoffe färben sich mit Eisen schwarz. Aus den mit eisernen Dampfrohren erhitzten Beizbädern sind deshalb vor Zugabe der Tanninlösung die Dampfrohre zu entfernen. Vor der Herrichtung der Beizbäder werden die zum Erhitzen dienenden eisernen Dampfschlangen am besten mit einem Besen abgebürstet, um lose anhängenden Rost zu entfernen, der beim späteren Herausnehmen der Rohre aus der Barke abgestoßen werden und dann Flecken verursachen könnte.

Für dunkle Farben, satte Grünnuancen, Dunkelblau verwendet man Sumachblätter oder Sumachextrakt. Die Sumachblätter werden durch Auskochen in einem Sack im Beizbade oder gesondert in einem Kübel extrahiert, Sumachextrakt wird im kochenden Beizbade gelöst. Auch hier wird die Baumwolle in möglichst kurzer Flotte in das Beizbad eingesteckt und über Nacht im Bade erkalten gelassen.

Kastanienextrakt dient als Gerbstoffbeize in Zusatz zu Sumach, zu Catechu oder zu Blauholz.

Nach dem Herausnehmen aus dem Beizbade wird die Ware zur Entfernung der überschüssigen Beize geschleudert und dann fast immer mit Metallsalzen fixiert. Hierzu dienen die verschiedensten Metallsalze, die mit Tannin unlösliche Verbindungen geben. Es werden Antimonsalze (Brechweinstein und Brechweinsteinersatzmittel), Zinnsalz, essigsaures Zink, Zinkvitriol, essigsaure Tonerde, basischer Alaun, Titansalze wie Titankaliumoxalat, Titanammoniumoxalat, Eisenvitriol, Eisenbeize, holzessigsaures Eisen usw. verwendet.

Die gebräuchlichste und meist angewandte Methode ist die Fixierung mit Antimonsalzen, von denen Brechweinstein oder die zahlreichen Brechweinsteinersatzmittel gebraucht werden. Die verschiedenen Antimonsalze geben ihr Antimon nicht entsprechend dem Antimongehalt, sondern in ganz verschiedener Menge an die mit Gerbstoff gebeizte Faser ab. Die Baumwolle wird in den Antimonbädern kalt $\frac{1}{2}$ bis 1 Stunde behandelt.

Sumachgebeizte Baumwolle färbt sich beim Fixieren mit Antimonsalzen gelb. Titansalze bilden mit Tannin ebenfalls eine schöne gelbe Färbung. Die Tannin-Eisenverbindungen sind grau bis schwarz gefärbt, werden deshalb für dunkle Farben und zum Abdunkeln der Farben benutzt.

Nach dem Beizen mit Tannin und Antimonsalzen wird geschleudert und ausgefärbt. Nach den Brechweinsteinbädern spült man meist nicht. Nach dem Fixieren mit Eisensalzen wird dagegen vor dem Ausfärben gespült.

Zum Ausfärben verwendet man ein möglichst großes Flottenverhältnis (1 : 40). Das Farbbad wird mit Essigsäure oder Alaun beschickt, die das Aufziehen des Farbstoffes verlangsamen. Alaun erzeugt einen harten Griff der Faser. Bei mercerisierten Garnen wird deshalb Essigsäure vorgezogen. Der gelöste Farbstoff wird zur Vermeidung unegaler Färbungen nicht auf einmal, sondern in mehreren, in der Regel drei Portionen dem Farbbad zugegeben. Die Partie wird in das Farbbad eingesetzt, 6 bis 8 mal mit zeitweisem doppeltem Durchsetzen umgezogen, aufgeschlagen, um Farbstoff zuzusetzen, und wieder in das Farbbad eingesetzt. Die Egalität beim Färben mit basischen Farbstoffen hängt von einem guten Hantieren, besonders von einem exakten Durchsetzen der Garne im Farbbad ab. Mercerisierte Garne müssen besonders gut verarbeitet werden, um egale Färbungen zu erzielen. Zum Schluß kann das Farbbad noch auf 50 bis 60°, bei Viktoriablau selbst bis zum Kochen erwärmt werden. Das Erwärmen befördert das Aufziehen des Farbstoffes, verändert aber meist auch die Nuance, z. B. bei blauen Farben nach Grün hin. In den meisten Fällen wird beim Färben nach Muster nicht erwärmt, um keine Nuancenänderung zu erleiden.

Die Wasserblaumarken erfordern beim Färben Alaunzusatz und werden warm bei 50° gefärbt. Die Bäder ziehen nicht aus und werden zum Weiterfärben auf stehendem Bade aufgehoben.

Um eine größere Echtheit zu erzielen, können die Farben nachtanniert werden. Die gefärbte Baumwolle wird dann wie beim Beizen mit Tannin und Antimonsalzen kurze Zeit bei niederer Temperatur nachbehandelt. Hierzu können die alten Beizbäder verwandt werden. Durch die Nachbehandlung werden die Nuancen zum Teil verändert. Sie kommt nur für besondere Artikel in Frage.

Das Trocknen der Färbungen soll bei nicht zu hoher Temperatur geschehen, um kleine Nuancenveränderungen beim Trocknen zu vermeiden.

Färben auf Ölbeize. Zur Herstellung besonders klarer lebhafter Rosa und Rottöne mit Rhodamin in sonst unerreichter Schönheit wird die Baumwolle mit Türkischrotöl gebeizt, indem das Garn trocken paarweise (zweipfundweise) durch verdünnte Türkischrotöllösungen passiert, gut abgewrungen und getrocknet wird. Das Beizen kann wiederholt werden. Eventuell folgt noch eine Beizung mit essigsaurer Tonerde, worauf wieder getrocknet wird. Nach dem Beizen wird in mit Essigsäure angesäuertem kurzen Farbbade mit Rhodamin (Auramin) ausgefärbt.

Die wichtigsten basischen Farbstoffe sind u. a. Auramin, Chrysoidin, Brillantgrün, Methylenblau, Viktoriablau, Neublau, Methylviolett, Fuchsin, Safranin, Bismarckbraun.

Die basischen Farbstoffe werden zur Herstellung besonders lebhafter Färbungen benutzt. Beim starken Waschen mit Seife werden sie zum Teil von der Faser abgezogen, sie bluten jedoch in der Regel weiße Baumwolle nicht an, sind also teilweise waschecht. Wegen ihrer verhältnismäßig guten Säureechtheit dienen sie auch zur Herstellung überfärbeechter Baumwollfarben. Die Lichtechtheit ist nicht besonders gut.

Schwefelfarbstoffe. Zu den Schwefelfarbstoffen gehören die verschiedenen Auranol-(Weiler ter Mer), Eclips-(Geigy), Immedial-(Cassella), Katigen-(Bayer), Kryogen-(BASF), Pyrogen-(Ges. chem. Ind. Basel), Pyrol-(Mühlheim), Schwefel-(Berlin), Thiogen-(Höchst), Thion-(Kalle), Thioxin-(Öhler) usw. Farbstoffe. Die Schwefelfarbstoffe haben durch ihre in den meisten Fällen gute Waschechtheit große Bedeutung für die Baumwollfärberei. Vereinzelte Schwefelfarbstoffe besitzen auch gute Chlorechtheit. Die größte Echtheit weisen die schwarzen und braunen Farbstoffe auf. Die klareren Schwefelfarben stehen diesen an Echtheit zum Teil nach. In der Gruppe der Schwefelfarben fehlt es an klaren leuchtenden Nuancen.

Die Schwefelfarbstoffe sind zum Teil hygroskopisch, müssen daher stets in gut verschlossenen Fässern und Büchsen aufbewahrt werden.

Die Schwefelfarbstoffe färben Baumwolle direkt. Sie sind in Wasser nur teilweise löslich und werden unter Zusatz der zum Färben nötigen Menge Schwefelnatrium gelöst und in soda-alkalischem Bade mit Kochsalz oder Glaubersalz gefärbt.

Das Schwefelnatrium löst den Farbstoff und hält denselben im Färbebad in Lösung. Zum Färben ist also eine bestimmte Menge erforderlich, anderenfalls der Farbstoff sich im Färbebade ausscheidet und beim Auftupfen auf Glas oder Filtrierpapier dann keine klare Lösung mehr zeigt. Traubenzucker unterstützt das Lösen mit Schwefelnatrium, bewirkt bei einigen blauen Schwefelfarbstoffen eine bessere Lösung und Reduktion, verhindert an der Luft eine zu schnelle Oxydation, Unegalität und Bronzieren des Farbstoffes. Soda dient zur Korrektur des Wassers, unterstützt im übrigen die Wirkung des Schwefelnatriums. Kochsalz und Glaubersalz wirken aussalzend, verringern die Löslichkeit und befördern damit ein besseres Aufziehen des Farbstoffes auf die Faser. Türkischrotöl und Türkischrotölpräparate verlangsamen das Aufziehen, verbessern das Durchfärben und bewirken eine höhere Egalität.

Die Menge der einzelnen Zusätze zum Färbebad bedingt das Färbevermögen. Schwefelnatrium erhöht die Löslichkeit. Bei schwer egalisierenden Farben und größeren Zusätzen wird damit das Aufziehen verlangsamt. Kochende Schwefelnatriumbäder ziehen den Farbstoff teilweise wieder von der Faser ab. Je nach der Nuance, ob hell oder dunkel, wird die Salzmenge variiert.

Den Färbeprozeß beeinflussen weiter die Flottenlänge, die Temperatur und die Färbedauer. Gewöhnlich wird in möglichst kurzen Bädern bei einem Flottenverhältnis von $1:20$ gefärbt. Mit steigender Temperatur ziehen die Farbbäder in der Regel besser aus. Helle Nuancen färbt man deshalb kalt bis 30^0, dunkle Nuancen von 80^0 bis kochend. Einzelne dunkle Farben werden besser bei mittlerer Temperatur gefärbt. Verschiedene Farbstoffe kann man auch in dunklen Nuancen kalt färben, was außer der Dampfersparnis beim Färben mancher Artikel von Vorteil ist (Flammenfärberei). Die Färbedauer beträgt in der Regel $^3/_4$ bis 1 Stunde.

Farbflotten für dunkle Nuancen ziehen nur zum Teil aus. Auf stehendem Bade gebraucht man deshalb je nach der Farbtiefe und Flottenlänge verringerte Zusätze an Farbstoff, Schwefelnatrium, Soda und Salzen.

Zum Färben werden hölzerne Färbegefäße verwendet. Wegen des Schwefelnatriumgehaltes der Färbebäder sind kupferne Barken und Gefäße auszuschließen.

Der Farbstoff wird bei größeren Mengen in einem Holzkübel mit dem Schwefelnatrium zusammen mit kochendem Wasser übergossen und durch Umrühren zum Lösen gebracht, alsdann dem mit Soda versetzten event. aufgekochten Färbebade zugegeben, Kochsalz oder Glaubersalz zugesetzt (was gleichzeitig auch schon mit der Soda geschehen kann) und bei Schwarz nochmals aufgekocht. Bei richtigem Stand des Färbebades bildet sich bei schwarzen Schwefelfarbstoffflotten in der Regel ein weißer, farbloser Schaum, der keine ungelösten Farbstoffpartikel enthalten soll, anderenfalls Schwefelnatrium im Färbebade fehlt.

Zum Färben werden zum Teil gebogene Gasrohre benutzt, um das Garn so wenig wie möglich beim Färben der Luftoxydation auszusetzen. Meist ist jedoch die Verwendung gebogener Gasrohre nicht erforderlich.

Mit dem Garn wird in die Flotte eingegangen, vier bis sechsmal umgezogen, dann alle fünf bis zehn Minuten einmal nachgezogen, oder das Garn wird in die Flotte eingesteckt, wodurch eine unnötige Berührung mit der Luft vermieden wird. Nach $^3/_4$ bis einstündiger Färbedauer ist das Garn aus der Flotte zu nehmen, abzuquetschen und in der Regel direkt zu spülen. Die Entfernung der überschüssigen Farbflotte geschieht durch Abwringen, durch Abquetschen mit Quetschwalzen oder durch Abquetschen mit Farbstöcken. Gewöhnlich wird je nach der Löslichkeit der Farbstoffe zwei bis dreimal gespült, d. h. so lange, bis das Spülbad klar ist.

Einzelne Farben werden vor dem Spülen an der Luft zur Oxydation verhängt. Das Garn ist dann vier bis achtmal abzuwringen und zu egalisieren und wird dann in einer leeren Barke oder zwischen zwei Barken verhängt und nachfolgend gespült.

Zur besseren Entwicklung und Oxydation der Färbungen werden die Schwefelfarben zum Teil nachbehandelt. Von den zahlreich vorgeschlagenen Nachbehandlungsmethoden mit Metallsalzen ist die Nachchromierung mit Chromkali zur Erhöhung der Waschechtheit die wichtigste. Man behandelt das gefärbte Garn $^1/_4$ bis $^1/_2$ Stunde heiß bis kochend mit Chromkali und Essigsäure oder Ameisensäure.

Kupfervitriolnachbehandlung verbessert die Lichtechtheit. Die Nachbehandlung mit Kupfervitriol für Schwefelfarbstoffe ist jedoch wegen der Gefahr der Schwächung und Korrosion des Baumwollgarnes beim Lagern zu vermeiden.

Bei anderen Nachbehandlungsmethoden werden Chromalaun, Fluorchrom, Chromkali und Bisulfit, Nickelsulfat und Chromkali usw. verwandt.

Die mit Schwefelfarben gefärbte Ware kann auch durch warmes Lagern oder durch Dämpfen entwickelt werden.

Schwarzfärbungen werden, ob nicht oder mit Metallsalzen nachbehandelt, in der Regel zur Erzielung einer schöneren blumigeren Nuance mit Stärke, Fett- und Ölemulsionen alkalisch aviviert. Wird nicht nachchromiert oder alkalisch aviviert, so empfiehlt sich bei Schwarz eine Nachbehandlung mit essigsaurem Natron oder ein Zusatz von Soda zum letzten Spülbad.

Eine Sodapassage ist auch nach dem Färben von Schnürriemen angebracht, um ein Rosten der blechernen Schnürriemenspitzen zu verhindern.

Schwefelfarbstoffe fixieren in geringen Mengen basische Farbstoffe, die deshalb zum Übersetzen der Farben und Schönen bei Schwarz verwendet werden können. Einzelne basische Farbstoffe können auch im schwefelalkalischen Bade in geringen Mengen mitgefärbt werden. Vereinzelt sind auch Schwefelfarbstoffe selbst mit basischen Farbstoffen eingestellt. Ein basischer Farbstoffgehalt bei Schwefelfarbstoffärbungen kann daher gegebenenfalls durch den Handelsfarbstoff selbst, durch gleichzeitiges Zugeben von basischen Farbstoffen zum Färbebade und durch Übersetzen nach dem Färben bedingt sein.

Küpenfarbstoffe. Die Küpenfarbstoffe sind in Wasser unlöslich. Durch Reduktionsmittel werden sie in alkalilösliche Leukokörper übergeführt. Die Baumwollfaser färbt sich in dieser alkalischen Farbstofflösung, der Küpe, direkt. An der Luft bildet sich dann durch Oxydation der ursprüngliche Farbstoff wieder zurück.

Das Färben mit Küpenfarbstoffen ist die modernste Färbemethode und gibt auf Baumwolle mit die echtesten Farben.

Von den Küpenfarbstoffen unterscheidet man drei Klassen:

1. Indigoküpenfarbstoffe (Indigo, Bromindigo, Thioindigofarbstoffe, Cibafarbstoffe, Helindonfarbstoffe);

2. Anthrachinonküpenfarbstoffe (Indanthren-, Algol-, Cibanon- und gewisse Helindonfarbstoffe);

3. Schwefelküpenfarbstoffe (Hydronfarbstoffe).

Die Küpenfärberei gründet sich auf einfache Reaktionen.

Jeder Farbstoff benötigt zur Reduktion eine bestimmte Menge Reduktionsmittel. Ferner ist diejenige Menge Reduktionsmittel erforderlich, um beim Färben eine Oxydation des Farbstoffes durch die Berührung mit der Luft zu vermeiden. Diese letztere Menge richtet sich nach den örtlichen Verhältnissen und nach der örtlichen Arbeitsweise. An Alkali ist die zur Bildung der Alkaliverbindung des Leukofarbstoffes nötige Menge erforderlich, wozu dann auch noch ein gewisser Überschuß kommt zur Bindung des Kalkgehaltes im Wasser usw., was sich wieder nach den örtlichen Verhältnissen richtet.

Die Reduktion selbst verläuft am besten in einer konzentrierten Lösung, der Stammküpe, wie sie bei der Indigofärberei von altersher üblich ist. Die Reduktion in einer konzentrierten Lösung ist auch für die neueren Küpenfarbstoffe besser und besonders bei den Farbstoffen in Pulverform geboten, da so eine unvollständige Reduktion des Farbstoffes nicht so leicht möglich ist. Die Reduktion verläuft in der Wärme leichter wie in der Kälte. Der Farbstoff kann auch dann in der Wärme verküpt werden, wenn das Färben bei niederer Temperatur geschieht.

Bei der Reduktion selbst verhalten sich die Küpenfarbstoffe verschieden. Der eine Farbstoff wird leichter reduziert wie der andere. Das eine Mal ist deshalb ein längeres Stehenlassen der Stammküpe erforderlich. Zu langes Stehen der Stammküpe ist wieder für andere Farbstoffe nicht ratsam, da sich bei einigen Farbstoffen der reduzierte Farbstoff in einer konzentrierten Lösung besonders beim Erkalten leicht in Form einer festen Masse abscheidet, die sich nur schwieriger wieder löst. Die Reduktionsbedingungen sind also für die verschiedenen Farbstoffe verschieden.

Was nun das Verhalten im Färbebade selbst anbetrifft, so gilt vom Reduktionsmittel das schon gesagte. Es genügt die Menge, welche den Farbstoff reduziert und im Färbebad vor einer vorzeitigen Oxydation schützt. Mehr ist nicht nötig, und dem Hydrosulfit hat beim Färben keine andere Funktion als die Farbstoffreduktion zuzukommen. Werden bei dieser Hydrosulfitmenge keine brauchbaren Färbungen erhalten, so ist dies, wenn überhaupt möglich, nur durch Regelung der anderen Faktoren, der Alkalinität, der Salzzusätze und der Temperatur zu erreichen.

Bei einigen Farbstoffen, besonders den Küpenfarbstoffen der Indigoklasse, kommt einem Überschuß von Hydrosulfit noch eine besondere Wirkung zu. Beim Färben wird die Farbstoffleukoverbindung von den Fasern aus dem Färbebade aufgenommen. Durch Oxydation an der Luft bildet sich dann der unlösliche Farbstoff auf der Faser zurück. Durch einen Überschuß von Hydrosulfit wird dieser Vorgang reversibel. Die schon fixierte Farbstoffleukoverbindung wird wieder von der Faser abgezogen. Ein Überschuß des Reduktionsmittels kann also der Farbstofffixierung hemmend entgegenwirken. Dementsprechend kann bei bestimmten Farbstoffen durch Erhöhung der Hydrosulfitmenge, bei eventl. gleichzeitiger höherer Temperatur eine Unegalität der Färbung durch teilweises Wiederabziehen des Farbstoffes von der Faser ausgeglichen werden.

Außer dem Reduktionsmittel sind die anderen Faktoren beim Färbeprozeß von wesentlicher Bedeutung. Der Alkalizusatz ist bei den Küpenfarbstoffen im Färbebade sehr verschieden. Während in vielen Fällen eine zu große Alkalimenge dem Aufziehen des Farbstoffes ungünstig ist, ist in anderen Fällen gerade ein großer Alkalizusatz zur Erreichung brauchbarer Färbungen erforderlich. Bei vielen Farbstoffen muß der Färbeprozeß durch auf den Farbstoff aussalzend wirkende Zusätze, Kochsalz, Glaubersalz begünstigt werden. Nicht zuletzt ist dann die Temperatur der Färbeküpe von großer Bedeutung. Auch hier existieren keine Gesetzmäßigkeiten. Während in einem Falle niedere Temperatur vorteilhaft ist, ziehen im anderen Falle die Farbstoffe besser bei höherer Temperatur auf die Faser. Die Temperatur bietet beim Färben der Küpenfarbstoffe meist den besten Regulator der Egalität einer Färbung.

Das Färben an und für sich macht bei einem bestimmten Farbstoff weiter keine Schwierigkeiten. Wenn z. B. bei den Küpenfarbstoffen der Indigoreihe ständig größere Partien herzustellen sind, so wird eine größere Stammküpe bereitet, die je nach Bedarf verbraucht wird. In den Lohnfärbereien mit ihren ständig wechselnden Farbnuancen und Partiegrößen können in der Regel keine größeren Stammküpen angesetzt werden. Es wird nur soviel Farbstoff reduziert, wie für die bestimmte Menge Textilmaterial gerade erforderlich ist. Muß dann beim Färben noch Farbstoff nachgesetzt werden, so muß dieser besonders reduziert werden. Dadurch verschiebt sich meist das Verhältnis von Farbstoff, Alkali und Reduktionsmittel im Färbebad. In den Fällen, in denen diese Faktoren wesentlich sind, wird dadurch das Färben, das genaue Treffen der Nuance äußerst erschwert, ja fast unmöglich gemacht.

Dann hat es die Praxis in den seltensten Fällen mit einheitlichen Färbungen zu tun, bei welchen nur ein Farbstoff verwendet wird. In der Regel handelt es sich um Kombinationen, und diese bieten gerade bei den Küpenfarbstoffen bedeutende Schwierigkeiten. Die Affinität zur Faser ist selbst bei Küpenfarbstoffen einer Klasse sehr verschieden.. Es resultiert daraus ein verschiedenes Ausziehen der Farbbäder, was z. B. beim Weiterfärben auf altem Bade wesentlich ist. Die größten Schwierigkeiten entstehen durch Kombination solcher Farbstoffe, die sich betreff des günstigsten Verhältnisses, Farbstoff-Alkali-Reduktionsmittel und Temperatur, nicht gleich verhalten. Fälle, in denen z. B. der eine Farbstoff bei Alkaliüberschuß nicht zieht, während der andere Farbstoff gerade einen Alkaliüberschuß benötigt. Kombiniert man z. B. zwei Farbstoffe, deren Nuancen zwei verschiedene Grundfarben bilden, wie Blau und Gelb, so kann je nach den Färbebedingungen einmal ein blaues Grün, das andere Mal ein gelbes Grün mit denselben Farbstoffmengen entstehen, und nur durch genaues Einhalten des Farbstoff-Alkali-Hydrosulfitverhältnisses und der sonstigen Färbebedingungen wird die stets gleiche Nuance erzielt.

Eine wesentliche Schwierigkeit bietet das ganz genaue Nachmusterfärben bei Küpenfarbstoffen. Die Auftraggeber der Färberei bringen dieser Frage höchst selten das nötige Verständnis entgegen, so daß Küpenfarbstofffärbungen so genau nach Muster verlangt werden, wie dies mit anderen Farbstoffen nicht besser erzielt werden kann.

Während des Färbens selbst kann die Nüance der Partie nicht beobachtet werden. Die Küpenfarbstoffe der Indigoklasse bilden meist gelb gefärbte Küpen, während die Anthrachinonküpenfarbstoffe zumeist farbige Küpen bilden. Der Oxydations- und Entwicklungsprozeß bei einer ganzen Partie ist auch stets ein etwas anderer, wie bei einer zum Abmustern abgenommenen Probe.

Gerade bei den echtesten Farben sind dann oft die Appreturprozesse noch von Einfluß auf die Nuance. Selbst der Feuchtigkeitsgehalt der Faser ändert die Nuancen bestimmter Farbstoffe wesentlich. Noch zu erwähnen ist, daß beim Lagern auch die Küpenfarbstoffe ihre Nuancen etwas ändern. Die sich ergebenden Unterschiede sind jedoch nicht so groß wie bei den Schwefelfarben.

Das Hauptreduktionsmittel für die Küpenfarbstoffe ist Hydrosulfit, welches in der handlichen Pulverform das Färben vereinfacht. Bei zu langem Aufbewahren des Hydrosulfits vermindert sich jedoch dessen Wirkungswert.

Einzelne Küpenfarbstoffe können auch mit oder neben Hydrosulfit unter Zusatz von Schwefelnatrium gefärbt werden: Man bezweckt hierdurch eine Ersparnis von Hydrosulfit und damit eine Verbilligung des Färbeverfahrens. Das Färben unter Mitverwendung von Schwefelnatrium bietet jedoch meistens keine besonderen Vorteile (höhere Temperatur des Farbbades, erhöhten Arbeitslohn durch vermehrtes Spülen).

Das Färben des Baumwollgarnes in der Hydrosulfitküpe geschieht auf der Barke in der bei den anderen Färbeverfahren üblichen Arbeitsweise. Dem Färbebade wird zuerst Natronlauge (Kaust. Sodalösung) zugegeben. Der ausgeschiedene und beim Erwärmen an die Oberfläche der Flotte treibende Kalkschaum wird abgeschöpft, Hydrosulfit unter Umrühren langsam eingestreut, die Farbstoffstammküpe zugesetzt, umgerührt, mit der Partie in das Küpenfärbebad eingegangen und in üblicher Weise verarbeitet. Wird während der Verarbeitung das Färbebad erhitzt, so wird an das in die Farbbarke eintretende Dampfrohr ein Farbstock gelegt, oder senkrecht vor dem Dampfrohr ein Brett befestigt, damit das Garn mit dem heißen Dampfrohr nicht in Berührung kommt und sich an den Stellen durch die höhere Temperatur dunkler färbt.

Die Behandlung nach dem Färben ist bei den Küpenfarbstoffen verschieden. Entweder das Garn wird aus dem Färbebade heraus abgewrungen, am Wringpfahl egalisiert, verhängt und nach erfolgter Oxydation (Anlaufen der Farbe) gespült, oder das Garn wird abgewrungen, abgequetscht, aufgeworfen und abgepreßt zur Entfernung überschüssiger, noch . farbstoffhaltiger Küpenflotte und darauffolgend direkt in Wasser gespült. Weiter kann man ausgezogene Farbbäder ablaufen lassen und daraufhin das Garn entweder direkt oder nach vorheriger Luftoxydation (das Garn wird in der leeren Barke einmal umgezogen, um die unteren nasseren noch nicht oxydierten Garnteile nach oben zu wenden und besser der Luft auszusetzen) waschen. Bei Kombinationen von Farbstoffen verschiedener Löslichkeit ihrer Leukoverbindung empfiehlt sich meist eine Luftoxydation vor dem Spülen, da durch ein direktes Spülen der nicht oxydierten Kombinationsfärbung zuweilen Unegalitäten auftreten können.

Nach dem Spülen wird meist abgesäuert, gespült und zur Entwicklung der Farbnuance kochend geseift oder kochend mit Soda aviviert. Statt des Seifens können auch andere Nachbehandlungsmethoden gebraucht werden, Behandlung mit Chromkali und Essigsäure, Entwicklung mit Perborat, Entwicklung mit kalter Chlorkalklösung.

Küpenfarbstoffbäder für helle und mittlere Nuancen ziehen meist aus. Bei dunklen Tönen bleibt jedoch ein Teil des Farbstoffes im Färbebade zurück. Bei den Indigoküpenfarbstoffen ist es gebräuchlich, auf alten Küpen weiter zu arbeiten. Auch bei den anderen Küpenfarbstoffen werden die Bäder bei dunklen Nuancen zum Teil längere Zeit weiter gebraucht. Bei den Anthrachinonküpenfarbstoffen ist dies meist weniger gebräuchlich. Bei Kombinationsfärbungen ist das verschiedene Ausziehen der einzelnen Farbstoffe beim Weiterfärben zu berücksichtigen (z. B. Indanthrenblau, Indanthrendunkelblau).

Indigofärberei. Das Färben des Indigos wird spezialisiert ausgeführt und ist zum Teil von der sonst üblichen Arbeitsweise grundverschieden. Gerade die Indigofärberei zeigt die Wesensverschiedenheit des Färbeverfahrens von anderen Färbemethoden. Von Hell nach Dunkel, in mehreren Zügen, auf besonderen Färbegefäßen, den Küpen, werden die Färbungen hergestellt.

Für die Indigoküpenfärberei auf Baumwolle kommen folgende Küpenarten in Betracht: Die Gärungsküpe, die Hydrosulfitküpe, die Vitriolküpe und die Zink-Kalkküpe.

In der Gärungsküpe erfolgt die Reduktion des Indigos durch die von Bakterien verursachte, auf einer Gärung beruhenden Wasserstoffbildung verschiedener Gärungsmittel in alkalischer

Lösung. Die Gärungsküpe für Baumwolle wird hauptsächlich in überseeischen Ländern von Eingeborenen benutzt.

In der Hydrosulfitküpe erfolgt die Reduktion wie bei den Küpenfarbstoffen allgemein üblich durch Hydrosulfit. Das Färben geschieht auf gewöhnlichen Barken. Diese Küpenart ist durch den Hydrosulfitverbrauch verhältnismäßig teuer.

In der Vitriolküpe wird der Indigo durch Eisenvitriol und gelöschten Kalk reduziert. Die Küpe bildet sehr viel Bodensatz, und nutzt den Indigo nur unvollständiger aus. Der Verlust an Indigo bei der Reduktion beträgt mindestens 20 %.

Die für Baumwolle gebräuchlichste Küpe ist die Zink-Kalkküpe. Als Reduktionsmittel wird Zinkstaub mit gelöschtem Kalk verwendet.

Das Löschen des Kalkes geschieht in der Weise, daß der gebrannte Kalk mit geringen Mengen Wasser übergossen wird. Nachdem der Kalk zerfallen ist, wird er durch Zugabe von weiteren Mengen Wasser zu einem Teig angerührt.

Die Stammküpe wird in einem Faß oder in dem unteren Teil der leeren Küpe selbst angesetzt. Der gelöschte Kalk wird zuerst mit Wasser zu einem dünnen Brei verrührt, alsdann wird der mit kochendem Wasser dünnflüssig angeteigte Indigo zugegeben und der Zinkstaub langsam unter Umrühren in die ca. 50° warme Stammküpe eingetragen. Die Reduktion ist nach 5 bis 6 Stunden beendet. Die Stammküpe wird dann der Färbeküpe zugegeben, oder die in der leeren Küpe befindliche Stammküpe wird aufgefüllt. Zum Auffüllen wird vorzugsweise eine alte abgeblaute klare Küpe benutzt, um den Farbstoffgehalt der alten Küpen noch nutzbar zu machen. Die Küpe wird dann mit einem Aufküper (Aufrührer) aufgeküpt (aufgerührt), und nach ca. 1 Stunde, nach dem Setzen der Küpe, dem Niedersetzen des Unlöslichen kann mit dem Färben begonnen werden.

Der Stand der Küpe wird nach dem Aussehen, der Farbe der Küpe (Goldgelb mit dunklen Adern), und der Blume, dem auf der Küpe befindlichen Farbstoffschaum beurteilt.

Als Küpen werden runde zylindrische hölzerne Gefäße (gebrauchte sog. Cocospipen), eiserne Gefäße oder gemauerte viereckige Küpen benutzt, die zur Hälfte in die Erde eingelassen werden, um vom Boden aus bequem arbeiten zu können. Über den Küpen befinden sich zum Abwringen bestimmte kurze Wringpfähle.

Das Färben von Dunkelblau geschieht in vier bis fünf Zügen. Zuerst wird auf einer schwächeren Küpe angeblaut und dann auf stärkeren Küpen weitergefärbt.

Vor dem Färben wird die Indigoblume in ein Kübel abgeschöpft. Zum Abnehmen der Blume benutzt man eine Schäppe, oder auch ein flaches rundes Brett (Teil eines Faßdeckels).

Das Färben erfolgt durch das „Aufsetzen" und das „Fertigziehen" der Züge. Ein Zug wird gebräuchlich aus 5 Bündeln gebildet. Das abgekochte Baumwollgarn gelangt geschleudert und angestreckt (2 mal 3 angeschlagen) zum Küpenziehen.

Zum „Aufsetzen" werden 3 Stöcke benutzt, die beim Färben mit dem aufhängenden Garn auf den Küpenrand aufgelegt, aufgesetzt werden (Fig. 8). Ein Paar wird mit der linken Hand gefaßt, mit dem Küpenholz in die Küpenflotte langsam eingetaucht, einmal umgezogen, und das Holz wird dann auf den Küpenrand aufgelegt (1). Es wird nochmals umgezogen und auf die zweite Stelle des Küpenrandes aufgelegt. Ein zweites Paar wird in die Küpe eingebracht (1). Nach weiterem Umziehen und Vorwärtsrücken der Stöcke in die dritte und zweite Stellung (2 nach 3, 1 nach 2) wird ein drittes Paar eingesetzt (1). Das zuerst aufgesetzte Paar wird nun aus der dritten Stellung herausgenommen, auf den über der Küpe befindlichen Wringpfahl gelegt und durch

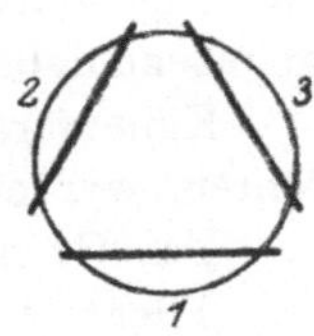

Fig. 8.

Drehen mit dem Küpenholz einmal senkrecht hängend, dann noch zweimal nach erfolgtem jedesmaligem Voranziehen in wagrechter Lage gewrungen. Das Abwringen an den über der Küpe hoch angebrachten Wringpfählen ist schwierig und erfordert einige Geschicklichkeit, um beim Wringen ein Spritzen der ablaufenden Küpenflotte zu vermeiden, mit welcher sonst der Färber beschmutzt wird. Nach dem Wringen läßt man den Stock stecken, legt das noch gedrehte Paar über den Wringpfahl, zieht die in der Küpe stehenden Stöcke um und setzt dieselben weiter (von 2 nach 3, 1 nach 2). Das abgewrungene Paar wird von dem Küpenwringpfahl abgenommen und an einem gewöhnlichen Wringpfahl geordnet (auf den Bendel gelesen), angestreckt (2 mal 3 angeschlagen) und hingelegt. Das Garn wird in der Regel auf ein Küpenbrett, ein auf eine nebenstehende Küpe gelegtes Brett aufgestapelt. Das Arbeitsverfahren wiederholt sich dann. Ein neues Paar wird in die Küpe eingebracht (1), und der längst behandelte Stock (3) abgewrungen usw., bis die ganze Partie durchgezogen ist. Die vor dem Färben abgeschöpfte Blume wird verrührt, wieder auf die Küpe gebracht, mit der Küpenflotte etwas verrührt, worauf die Küpe aufgerührt, aufgeküpt wird, so daß der ganze Bodensatz verrührt ist.

Mit dem ersten Zug geht man dann auf die folgende farbstärkere Küpe. Man färbt in umgekehrter Reihenfolge, beginnt mit dem letzten, meist etwas helleren Paar, wodurch ein Ausgleich eines event. Farbunterschiedes zwischen dem ersten und letzten Paar stattfindet. Auf der letzten Küpe, beim letzten Zug, wird das Garn nicht mit 3 Stöcken aufgesetzt, sondern paarweise auf einen Stock in der Küpenflotte umgezogen, „gezogen", 4 mal abgewrungen, am Wringpfahl event. noch 2 mal eingetrocknet (egalisiert), geordnet und angestreckt.

Das Küpenfärben ist somit eine körperlich anstrengende, schmutzige Handarbeit, und greift außerdem die Hände an. Man fettet deshalb beim Küpenziehen die Hände schwach ein, wozu eine Masse von schmalzartiger Konsistenz benutzt werden kann, die man durch Schmelzen von Wachs in Öl (Rüböl, Baumöl), gegebenenfalls unter Zusatz von etwas Glyzerin erhält.

Küpenfärbemaschinen, die das Abwringen mechanisch ausführen, werden nur selten benutzt.

Das Garn kann direkt abgesäuert, gespült und fertiggestellt (geschlichtet) werden. Um Indigoverluste durch das Spülen zu vermeiden und auch die Reibechtheit zu verbessern, wird das Garn vor dem Absäuren und Schlichten zuerst getrocknet. Durch das Trocknen bei hoher Temperatur wird die Nuance des Indigoblaus beeinflußt. Gleiches gilt von den Appreturprozessen, dem Stärken der Ware.

Nach wiederholtem Gebrauch werden die Küpen mit Kalk und Zinkstaub nachgeschärft. Die Menge der Zusätze richtet sich nach dem Stand der Küpen, die nach dem Aussehen der Küpenflotte beurteilt wird. Nicht zum Färben benutzte Küpen werden täglich aufgerührt (aufgeküpt), da sonst bei scharf stehenden Küpen ein „Treiben" derselben stattfindet.

Indigofärbungen können mit anderen Farbstoffen übersetzt werden. Für dunkle Nuancen wird auch zuweilen ein Untergrund mit anderen z. B. schwarzen Farbstoffen gefärbt.

Indigoblau ist koch-, wasch-, chlor- und lichtecht. Die Reibechtheit hängt zum Teil vom Färbeprozeß, der Anzahl der Züge usw. ab. Indigoblau zählt mit zu den echtesten Farben. Eine Echtheitsfrage und Echtheitsbewegung würde nicht entstanden sein, wenn alle Farbstoffe die Echtheitseigenschaften des Indigos besäßen.

Die Echtheit des Indigoblaus kann durch geeignete Vor- oder Nachbehandlung verbessert werden, z. B. wird durch Vorbehandlung des Garnes mit Türkischrotöl die Chlorechtheit erhöht. Die Appreturprozesse, Stärken und Leimen, erhöhen die Reibechtheit.

Die Nuance, die Blume des Indigoblaus, ist von großer Schönheit und wird von keinem anderen blauen Ersatzfarbstoff erreicht.

Das Indigoblau auf Baumwollgarn ist jedoch zum Teil durch andere echte Farben, Alizarinblau, Indanthrenblau, Hydronblau, Schwefelblau verdrängt worden.

Auf der Faser entwickelte unlösliche Azofarben. Die auf der Baumwollfaser erzeugten unlöslichen Azofarben werden erhalten durch die Einwirkung diazotierter aromatischer Amine auf Naphthole. Die wichtigste Färbung ist die Verbindung β-Naphthol—p-Nitranilin, das Paranitranilinrot. Hierzu kommt in neuerer Zeit das diesem an Echtheit überlegene Echtrot.

Paranitranilinrot. Das Baumwollgarn wird trocken, roh oder vorher abgekocht, event. gebleicht und getrocknet mit β-Naphthol grundiert, getrocknet und dann mit dem Diazokörper entwickelt, wobei sich der unlösliche Azofarbstoff auf der Faser bildet. Nach dem Entwickeln wird zur Entfernung der überschüssigen Entwicklungsbrühe gewaschen und darauf geseift.

Das Grundieren geschieht mit der Hand auf einer Terrine, einem zum bequemen Arbeiten auf drei Füßen stehenden Passierkübel, oder maschinell auf Passiermaschinen. Beim Arbeiten mit der Hand unter Verwendung von Gummihandschuhen wird das Garn zweipfundweise passiert, mehrmals unter Umziehen durch die Grundierbrühe durchgezogen oder durchgewaschen, zweimal abgewrungen, nochmals passiert, drei- bis viermal abgewrungen, mit der Hand egalisiert (eingetrocknet) oder geschleudert.

Die Handarbeit wird bei den Passiermaschinen mechanisch ausgeführt. Nach dem Passieren auf der Maschine wird zum Egalisieren in der Zentrifuge geschleudert.

Das passierte und egalisierte Garn wird möglichst schnell getrocknet. Die zum Aufhängen dienenden Zwirnstöcke werden mit alter Grundierbrühe imprägniert, da sich sonst in den Auflagestellen des Garnes Flecken bilden. Die imprägnierten Stöcke werden nur für naphtholiertes Garn benutzt. Das grundierte Garn ist zur Vermeidung von Flecken vor direktem Sonnenlicht und vor Feuchtigkeit (von schwitzenden Rohrleitungen herabfallende Wassertropfen) zu schützen.

Die folgende Entwicklung geschieht wieder entweder mit der Hand auf einer Terrine oder maschinell auf Passiermaschinen. Das Arbeiten mit der Hand erfolgt auf gleiche Weise wie beim Grundieren. Paarweise wird das Garn in die Entwicklungsbrühe eingetaucht und umgezogen, zweimal abgewrungen, nochmals passiert, drei- bis viermal abgewrungen, und nach kurzem Lagern der ganzen durchpassierten Partie gewaschen und nachfolgend heiß geseift.

Für die Grundierbrühe dienen β-Naphthol oder β-Naphtholpräparate unter Zusatz von Ölpräparaten (Türkischrotöl). Zum Passieren wird das für die Standflotte und die jedesmalige Nachbesserung erforderliche Quantum benutzt. Das Volumen der Grundierbrühe wird durch das Nachbessern nach jedesmaligem Durchpassieren konstant gehalten, und findet beim Passieren gewöhnlicher Baumwolle keine merkliche Konzentrationsänderung der Grundierbrühe statt.

Beim Entwickeln wird ebenfalls das beim Passieren verringerte Volumen des Entwicklungsbades nachgefüllt. Dagegen tritt beim Entwickeln auch eine Konzentrationsänderung der Passierbrühe ein durch das für die Farbstoffbildung verbrauchte und dem Bade entzogene Nitranilin. Die Nachbehandlungsflotte muß daher konzentrierter, nahezu doppelt so stark sein, wie die Standflotte.

Die Gesetze der Konzentrationsänderungen der Beiz- und Entwicklungsbäder in Berührung mit der Faser sind von Erban mathematisch abgeleitet worden (Erban, Theorie und Praxis der Garnfärberei mit den Azoentwicklern). Nach den von Erban entwickelten Formeln läßt sich die Konzentrationsänderung der Bäder und die Stärke der Nachbesserungsflotten berechnen.

Als Entwicklungsbäder dienen die Diazobäder aus Paranitranilin, zu deren Herstellung verschiedene Paranitranilinhandelsmarken, Azophorrot (Höchst), Nitrosamin (BASF) usw. gebraucht werden.

Ein Nachteil des Paranitranilinrots ist seine geringe Lichtechtheit gegenüber Türkischrot.

Echtrot. Ein wesentlicher Fortschritt auf dem Gebiete der Eisfarben wurde seit 1913 erzielt durch Einführung des Naphthol AS (β-Oxynaphthoësäureanilid) der Chemischen Fabrik Griesheim Elektron. Die Kombination Naphthol AS mit Echtrotbase (Metanitroparatoluidin) ergibt einen in Echtheit vollwertigen Türkischrotersatz. Dieses Echtrot ist vorzüglich wasch-, chlor-, und gegenüber Paranitranilinrot auch vorzüglich lichtecht. Nach dem Grundieren mit Naphthol AS braucht das Garn nicht getrocknet zu werden. Naphthol AS zeigt eine ausgesprochene Affinität zur Faser. Es besitzt im Gegensatz zu gewöhnlichem β-Naphthol ein substantiv färbendes Verhalten. Naphthol AS haftet ziemlich fest an der Faser. Beim Grundieren findet somit ein Ausziehen und eine Erschöpfung der Grundierbrühe statt, worauf bei der Nachbesserung Rücksicht zu nehmen ist. Das Echtrot besitzt die größte Bedeutung und hat das Türkischrot schon für viele echte Artikel (Wäschebänder, Wäschebesätze) verdrängt. Die mechanischen Arbeiten beim Färben und Passieren sind die gleichen wie beim Paranitranilinrot.

Nach dem Entwickeln des Echtrot wird möglichst schnell gespült.

Da Naphthol- und Entwicklerlösungen zum Teil Hautausschläge verursachen, werden beim Färben von Paranitranilinrot und Echtrot die Arme bedeckt und die Hände durch Gummihandschuhe geschützt. Man verwendet am besten Gummihandschuhe mit längeren Manschetten oder Stulpen, um den Unterarm und das Handgelenk besser zu schützen. Mit den jetzigen teueren Gummihandschuhen muß in äußerst vorsichtiger Weise gearbeitet werden. Beim Passieren mit der Hand erfordert das Abwringen in Gummihandschuhen größere Geschicklichkeit.

Anilinschwarz. Anilinschwarz, das echteste aller Schwarz, entsteht durch Oxydation aus Anilin. Man unterscheidet Einbadschwarz und Oxydationsschwarz.

Einbadschwarz. Einbadschwarz wird einbadig mit Anilinsalz, Salzsäure und Bichromat kalt bis kochend unter sehr langsamer Temperatursteigerung gefärbt. Das sich beim Einbadschwarz zum Teil im Färbebad bildende Anilinschwarz lagert sich mechanisch auf der Oberfläche der Faser ab, und verursacht die geringe Reibechtheit, das Abrußen. Nach dem Färben und Spülen wird heiß geseift. Die Reibechtheit sucht man zu verbessern durch ein Stärken der Garne. Eine Echtheitsverbesserung wird auch erzielt durch Grundieren der Baumwolle mit substantiven Baumwollfarbstoffen (Benzopurpurin, Schwarz), und Aufsatz von Einbadanilinschwarz.

Einbadanilinschwarz ist vergrünlich, greift dagegen die Faser nicht an.

Oxydationsschwarz. Das Garn wird mit der Schwarzbeize imprägniert. Dieselbe besteht aus Anilinsalz unter Zusatz des Oxydationsmittels (Chlorat), Sauerstoffüberträgers (Kupfervitriol), hygroskopischen Salzes (Salmiak) und essigsaurer Tonerde (zur Bindung der frei werdenden Säure beim Oxydieren). Nach dem Beizen und Schleudern wird das Garn bei niederer Temperatur in der Trockenkammer (Oxydationskammer, Hänge) getrocknet, und nach dem Eintrocknen der Beize oxydiert. Das schwarz grün oxydierte Garn wird nachchromiert und geseift.

Oxydationsschwarz läßt sich unvergrünlich herstellen, und ist reibecht, greift dagegen die Faser bei nicht vorsichtiger Oxydation an. Anilinschwarz erzeugt einen bestimmten Griff und eine Erschwerung des Garnes. Es findet für Echtfärbungen, Strumpfgarne (Diamantschwarz) große Verwendung.

Beizenfarbstoffe. Hier sollen angeführt werden Türkischrot, Alizarinblau, Blauholzschwarz, Carminfarben und außerdem Catechubraun.

Türkischrot. Die Türkischrotfärberei zählt zu den ältesten Färbemethoden. Der Türkischrotfärbeprozeß ist kompliziert und langwierig. Zur Bildung des Farblackes wird das Garn folgenden Behandlungen unterworfen. 1. Ölen mit Olivenöl, Tournantöl, Ricinusöl, Türkischrotöl; 2. Gallieren (Schmacken, Sumachieren); 3. Beizen (Alaunen); 4. Ausfärben (Krappen); 5. Schönen (Rosieren, Avivieren). Man unterscheidet Altrot und Neurot.

Altrot. Das Verfahren dient zur Herstellung des allerechtesten Türkischrots. Der Färbeprozeß erfordert 3 bis 4 Wochen.

Das abgekochte Baumwollgarn wird mit Ölemulsionen aus ranzigem Olivenöl imprägniert, in Lufthängen verhängt und getrocknet. Die Operation des Ölens, Verhängens und Trocknens wird mehrfach wiederholt. Zur Entfernung nicht fixierten Öles wird das Garn mehrmals mit Sodalösung und Wasser ausgelaugt. Darauffolgend wird zuerst mit Sumach, dann mit basischem Alaun gebeizt. Das gebeizte Garn wird in kalkhaltigem Wasser unter Zusatz von Tannin und essigsaurem Kalk mit Alizarin gefärbt, und zur Entwicklung der Farbe mit Seife und Soda unter Druck gekocht.

Neurot. Das Neurotverfahren ist abgekürzt und einfacher. Als Ölbeize dient Türkischrotöl. Das abgekochte Garn wird mit Türkischrotöl gebeizt und getrocknet. Das Beizen erfolgt mit basischem Alaun oder essigsaurer Tonerde. Nach dem Wiedertrocknen wird in einem Kreidebade „fixiert", gefärbt, gedämpft und geseift.

Das Färbeverfahren wird vielfach variiert. Türkischrot gehört zu den echtesten Farben. Zerstört und abgezogen wird es nur mit freier unterchloriger Säure.

Türkischrot hat vielfache Konkurrenten, die es aber in Echtheit nicht erreichen. Erst das neuere Echtrot macht dem Türkischrot auch in Echtheit ernstere Konkurrenz und hat dasselbe teilweise für bestimmte Artikel verdrängt.

Alizarinblau. Für vollständig bleichechte Dunkelblau findet Alizarinblau für bestimmte Artikel Verwendung. Alizarinblau wird auf Chrombeize gefärbt.

Blauholzschwarz. Blauholz wird als Naturfarbstoff noch immer für Spezialartikel gebraucht. Auf Baumwollgarn dient es zum Färben von Schwarz für halbseidene Waren und für Eisengarnschwarz. Das Färben mit Blauholz erschwert die Faser, was für den Verkauf von Garnen nach Gewicht von Bedeutung ist, und erzeugt weiter ein Schwarz von solcher Schönheit, wie es sonst nicht erreicht wird. Das Färben mit Blauholz erfolgt auf die verschiedenste Weise, 1. durch Beizen und darauffolgendes Färben; 2. durch Beizen nach dem Färben; 3. durch gleichzeitiges Beizen und Färben; 4. durch Beizen und Färben und nochmaliges Beizen. · Die für Seide gebräuchlichen Färbeverfahren können entsprechend variiert für besondere Artikel angewandt werden (Blauholzschwarz mit Berlinerblau).

Zum Schwarzfärben des Baumwollgarnes werden Eisen-, Chrom- und Kupferbeizen benutzt.

Man beizt z. B. Baumwolle mit Sumach, dunkelt mit Eisenbeize ab, fixiert mit Kreide, färbt mit Blauholz und Gelbholz, behandelt nochmals mit Eisenvitriol und seift.

Ein einfaches und billiges Schwarz erhält man durch Abkochen des Garnes mit Blauholzextrakt, Abdunkeln mit Eisenvitriol und Schlemmkreide und Zurückgehen auf die mit Soda versetzte alte Blauholzflotte.

Blauholzschwarz ist nicht säureecht. Für Eisengarne wird Blauholzschwarz auch in Verbindung mit verschiedenen substantiven Baumwollschwarz gefärbt. Man färbt mit Blauholzextrakt, Quebrachoextrakt, substantivem Baumwollschwarz und Kochsalz, spült und behandelt mit holzessigsaurem Eisen nach.

Carminfarben. Carminfarben werden aus Blauholz-, Gelbholz-, Rotholzextrakt durch Zusammenkochen mit einer Chrombeize hergestellt. Sie färben Baumwollgarn direkt ohne Beizen. Man färbt kalt bis warm unter Alaunzusatz je nach der Tiefe der Färbung. Die Carminfarben finden zum Färben von Modefarben Verwendung.

Catechubraun. Catechubraun wird für Echtfärbungen, für Eisengarn, für Segeltuche gefärbt. Das Baumwollgarn wird mit einer Catechuabkochung kochend heiß gebeizt, über Nacht in das Beizbad eingelegt, geschleudert und mit Chromkali heiß nachbehandelt.

Dem Catechubade wird auch Kupfervitriol zugesetzt. Zuweilen wird präparierter Catechu, mit Alaunmehl zusammengeschmolzener gelber Catechu, verwendet. Dem Catechubade können weiter Gelbholz-, Rotholz-, Quebracho-, Sumachextrakte zugefügt werden. Abgedunkelt wird mit Eisensalzen (Eisenbeize). Auf diese Weise werden die verschiedensten Braun- und Khakinüancen hergestellt.

Das Catechubraun zählt zu den echtesten Färbungen. Die Garne erhalten einen harten, spezifisch catechuartigen Griff.

Auf der Faser erzeugte Mineralfarben. Rostgelb. Rostgelb (Eisenchamois) findet Anwendung für Creme und Ocker-
nüancen für lichtechte Vorhänge, Gardinenbesätze usw. Das
Garn wird gebeizt mit verdünnten Lösungen von Eisenvitriol,
Eisenbeize (basisch salpetersaures Eisen). Das Eisenoxyd wird
gefällt mit verdünnter Sodalösung.

Chromgelb. Das Baumwollgarn wird gebeizt mit basischem
Bleisalz, hergestellt durch Lösen von Bleizucker und Bleiglätte,
und mit Bichromat entwickelt.

Chromorange. Chromgelb wird durch kochendes Kalk-
wasser gezogen, wobei sich das Chromorange bildet.

Chromgelb und Chromorange bewirken eine Erschwerung
der Baumwolle. Chromorange fand während des Krieges große
Verwendung für die Schnüre der Zunder- oder Glimmfeuerzeuge.

Das Appretieren.

Das Appretieren bezweckt ein Fertigstellen, Zurechtmachen,
Zurichten, Schlichten des Baumwollgarnes. Durch die Appretur
wird dem Garn die gewünschte und dem Auftrag entsprechende
Eigenschaft, ein entsprechendes Anfühlen, harter, steifer, weicher,
geschmeidiger, krachender, knirschender Griff, Erhöhung der
Festigkeit, Wasserdichtigkeit, Feuersicherheit, Beschwerung, und
ein entsprechendes Aussehen, Glanz verliehen.

Das Stärken und Präparieren der Garne erfolgt für Kett-
zwecke und bezweckt, den Faden gegen die mechanischen
Beanspruchungen beim Webprozeß widerstandsfähiger zu machen.
Zum Schlichten werden die verschiedenen Stärkesorten, Kartoffel-,
Weizen-, Mais-, Reisstärke benutzt, weiter Dextrin und Leim.

Stärke wird mit kaltem Wasser angerührt und unter ständigem Umrühren zum Kochen erhitzt. Kartoffelstärke wird zur
Herstellung von Schlichtemassen zum Teil aufgeschlossen (Diastafor,
Chlorkalk). Leim wird in kaltem Wasser quellen gelassen, und
nach dem Aufquellen durch Kochen gelöst. Zum Geschmeidig-
machen werden den Schlichten Fette, Öle, Seifen zugesetzt.

Das Stärken des geschleuderten Garnes erfolgt durch Umziehen auf der Barke oder durch Passieren durch eine kon-
zentriertere Schlichtemasse. Dieses Passieren erfolgt mit der
Hand durch Imprägnieren, Durchziehen des Paares in einem
Passier- oder Wringkübel und Abwringen, oder maschinell auf
Passier- und Schlichtemaschinen. Das Arbeiten auf der Schlichte-
maschine hat den Vorteil, daß die Garne durch die Behandlung
auf den rotierenden Walzen geglättet werden. Rauhfaserige
Garne erhalten dadurch für Kettzwecke eine gewünschte Präparie-

rung, da andernfalls die von den Fasern abstehenden feinen
Fäserchen sich an den Rieten des Webstuhles reiben, zusammen-
schieben, Knoten bilden, und dann Fadenbrüche verursachen.

Nach dem Stärken und Schleudern wird das Garn angestreckt,
um ein Zusammenkleben der Fäden zu vermeiden. Die maschinelle
Behandlung auf den Walzen einer Anstreckmaschine bietet wieder
den Vorteil einer Glättung der Faser.

Die Schlichtemassen werden auf das allerverschiedenste zu-
sammengesetzt. Zur Konservierung derselben, um ein Sauerwerden
besonders im Sommer zu verhüten, werden verschiedene Kon-
servierungsmittel gebraucht (Bleizucker, Formalin, Alaun).

Beim Erkalten konzentrierter Stärke- und Schlichtemassen
bildet sich an der Oberfläche eine Haut. Derartige Stärkelösungen
werden beim Zugeben in die Flotte oder den Schlichtetrog gesiebt,
durch ein Sieb verrührt, um diese die Fäden verklebende Haut und
Stärkeklümpchen zu entfernen. Zum Durchsieben der Schlichte
benutzt man neben grobmaschigen Haarsieben am besten Messing-
drahtsiebe. Die Stärkeкübel sind vor jedesmaligem Gebrauch gut
zu reinigen und auszuspülen, damit nicht sauer gewordene Stärke-
reste die neue Schlichtemasse verderben. Stärke- und Schlichtemassen werden nur für den jedesmaligen Gebrauch, nicht auf
Vorrat gekocht.

Zum Weichmachen der Garne dienen Seifen, Öle, Fette,
Glycerin. Man aviviert kalt bis warm mit Seife und Soda,
Türkischrotöl und Türkischrotölpräparaten, Ölemulsionen (Olivenöl),
Fettemulsionen (Schmalz, Kokosbutter).

Krachender knirschender Seidengriff wird erzielt durch Behandeln des geschleuderten Garnes in konzentrierter Seifenlösung
und Absäuren mit Essigsäure, Ameisensäure, Milchsäure, Weinsäure.
Dem Säurebade wird auch Leim, Stärke, Paraffinöl zugegeben.

Zum Wasserdichtmachen werden Tonerdesalze verwendet.
Man beizt mit basisch essigsaurer Tonerde oder erzeugt auf der
Faser einen Niederschlag von fettsaurer Tonerde durch getrenntes
Seifen und Beizen mit basisch essigsaurer oder ameisensaurer
Tonerde. Weiter können Anwendung finden Leim, Tannin und
basisch essigsaure Tonerde.

Beim Regenundurchlässigmachen von Stoffen kann man unterscheiden ein Wasserdichtmachen, Ausfüllen und Dichten der Ge-
webeporen und andererseits ein Wasserabstoßend- oder Wasser-
widerstandsfähigmachen, wodurch die Poren nicht ausgefüllt
werden, die Benetzungsfähigkeit der Faser aber herabgemindert wird.

Zum Unverbrennlich-, Feuersichermachen dienen verschiedene
Salze, Alaun, Silikate, phosphor- und wolframsaure Salze.

Die Beschwerung des Baumwollgarnes wird durch Schlichten mit mineralischen Füllmitteln erreicht. Zum Beschweren dienen Chlorbarium, Chlorcalcium und besonders Magnesiumsulfat. Chlorcalcium wirkt stark hygroskopisch. Eine Erschwerung wird zum Teil durch die Färbeverfahren erreicht (Blauholzschwarz, Catechubraun, Sumach-Eisenbeize).

Glanz wird durch die Appretur erzeugt bei der Herstellung des Eisengarnes. Die verwendete Schlichte besteht hauptsächlich aus Kartoffelstärke. Der Schlichte werden verschiedentlich Dextrin, Fette, Öle, Wachs, Paraffin, Leim und zur Konservierung Bleizucker zugegeben. Für Hochglanz wird z. B. eine Kleistermasse aus Kartoffelstärke, Leim und Paraffin benutzt.

Das Garn wird paarweise durch die konzentrierte Schlichte passiert oder in dieselbe eingelegt, abgewrungen, auf den Lüstriermaschinen strangweise auf den Leitrollen gut geordnet und trocken gebürstet. Wird nur kurz lüstriert und nicht trocken gebürstet, so erhält man das „Beistrich"-Garn. Beim Lüstrieren wird das Garn mit Paraffin bestrichen.

Die Schlichtemassen werden zuweilen mit Farbstoffen angefärbt, um ein Verschleiern der Farben zu verhüten.

Die Appreturmittel wirken zum Teil auf die Echtheit der Farben ein (Reibechtheit, Lichtechtheit).

VIII. Echtheit und Echtheitsprüfung [1]).

Durch die Fortschritte der Farbenfabrikation wird heute die **Echtheit** der früher allgemein gebrauchten Naturfarbstoffe nicht nur erreicht, sondern zum Teil sogar noch überragt.

Was wir heute noch nicht können, das ist die echte Herstellung sehr klarer lebhafter Nuancen, wie sie mit den basischen Farbstoffen erzielt werden. Diese schönen klaren Farben, die eine allgemeine Anwendung gefunden haben, werden heute sehr oft echt gefärbt verlangt, was technisch noch unmöglich ist. Es fehlt z. B. ein klares leuchtendes Grün, etwa von der Nuance des Brillantgrüns.

Trotzdem nun die Färberei in der Lage ist, zu allermeist alle Anforderungen der Praxis an die Echtheit der Farben erfüllen zu können, hören die Klagen über unechte Farben, welche die Echtheitsbewegung veranlaßt haben, nicht auf.

---

[1]) F r. E p p e n d a h l, Echtheitsbewegung und Echtfärberei. Zeitschrift für angewandte Chemie 1913, Jahrg. 26, S. 162. — Die Echtheitsbewegung und der Stand der heutigen Färberei. Berlin, Verlag von Julius Springer.

Fragen wir nun nach den Ursachen der Echtheitsbewegung und nach dem Einfluß der beteiligten Faktoren auf die Echtheit der Stoffe, so müssen wir zuerst die Frage beantworten, welche Echtheitsanforderungen man an einen Qualitätsstoff stellen darf.

Diese eigentliche Kernfrage der ganzen Echtheitsbewegung ist sehr einfach. Ein Kleiderstoff, Dekorationsstoff, Vorhangstoff, Futterstoff, Regenschirm- oder Krawattenstoff, ein Wäschebesatz, alle diese Textilstoffe werden beim praktischen Gebrauch verschieden beansprucht. Daraus ergeben sich ganz verschiedene Echtheitsanforderungen. Die Echtheit der Farben genügt dann den Anforderungen eines Qualitätsstoffes, wenn die Echtheitseigenschaften dem jeweiligen Verwendungszwecke entsprechen. Damit wird nicht immer der höchst erreichbare Echtheitsgrad, zuweilen vielmehr eine bestimmte Unechtheit, wie bei den Signiergarnen für Stickereizwecke z. B., gefordert.

Diese so einfache Grundforderung der Echtheitsbestrebungen könnte sehr gut erfüllt werden. Wenn dies in einer großen Zahl der Fälle nicht geschieht, so wird dies durch die beteiligten Faktoren selbst verursacht und verschuldet. Die beteiligten Faktoren sind Farbenfabriken, Färber, Fabrikant, Händler und Publikum. Die verschiedene Stellung dieser Parteien wird in der Hauptsache bedingt durch die jeweiligen Geschäftsinteressen.

Jede Farbenfabrik hat das Geschäftsinteresse, ihren Farbstoffen möglichst hohe Echtheitseigenschaften auszustellen, mit ihren Farbstoffen andere zu verdrängen. Man denke nur an den Kampf zwischen dem Indigo und seinen Konkurrenten, der alles andere, nur nicht sachlich geführt worden ist. Bei den Färbereien wäre zu betonen, daß die Mehrzahl nicht auf der Höhe der Zeit steht und sich meist um die Echtheitseigenschaften der Farben überhaupt nicht kümmert. Andererseits wäre festzustellen, daß die Färberei aber in der Regel das Karnickel ist, worauf alle Schuld geschoben wird; zwar geschieht dies nicht allein von der Industrie, den Auftraggebern der Färberei, sondern selbst von Laienkreisen. Es wäre weiter der Einfluß der Fabrikanten auf die Echtheit der Stoffe zu untersuchen. Auch hier schreit die Profitsucht nach immer billigeren Farben, und solange der Käufer nicht reklamiert, was ja in den seltensten Fällen geschieht, wird ruhig schlecht und unecht weiter fabriziert. Ferner käme der Händler in Betracht, der den Echtheitsbestrebungen noch nicht allgemein genügendes Verständnis entgegenbringt, und zuletzt der Hauptleidtragende, das Publikum, das in seiner großen Masse allerdings jeder geschickten Reklame nachläuft und nur billig einkaufen will, von Qualität aber sonst nicht allzuviel versteht.

Das Endresultat möge genügen, daß alle beteiligten Kreise auf die Echtheit der Textilstoffe einen gewissen Einfluß haben und daß bei der Fabrikation der Textilstoffe betreffs der Echtheitsfragen nur dann Fortschritte erzielt werden, wenn die beteiligten Kreise Hand in Hand zusammen arbeiten.

Wir gebrauchen nun zu allererst eine genaue Definition der Echtheitsbegriffe. Praktisch ist die ganze Echtheitsfrage doch eine Garantiefrage, und für jede Garantie müssen gesicherte Grundlagen vorhanden sein.

Es kommen in erster Linie nur die Echtheitseigenschaften in Frage, die für den praktischen Gebrauch der Stoffe nötig sind, wie z. B. Lichtechtheit, Waschechtheit, Regen- bezw. Wasserechtheit, Schweißechtheit, Straßenschmutzechtheit. Für die Echtheiten, die nur für die textilindustrielle Zwischenverarbeitung in Frage kommen, wozu z. B. gehören Walkechtheit, Mercerisierechtheit, sorgt die Industrie in den gegebenen Fällen schon selber.

Was nun den Begriff Echtheit selbst anbetrifft, so haben wir bis heute noch keine einheitlichen Begriffsbestimmungen der einzelnen Echtheiten, geschweige denn einheitliche Prüfungsverfahren zur Echtheitsuntersuchung.

Die Frage der Echtheitsnormierung ist nicht allein eine Frage einheitlicher Materialprüfung bezw. Materialklassifizierung, bei denen schließlich mehr oder weniger Kompromißmethoden gebraucht werden. Die Echtheitsfrage ist für die Praxis eine Garantiefrage. Die Schaffung einer einwandfreien Normierung der Gebrauchsechtheiten ist deshalb praktisch allein von Wichtigkeit. Es wäre im einzelnen unparteiisch, rein wissenschaftlich, ohne Rücksicht auf die teilweise direkt entgegengesetzt stehenden Interessen der betroffenen Kreise, festzusetzen, was man unter den betreffenden Echtheitsbegriffen versteht und welche Prüfungsmethode dann der betreffenden Echtheitsforderung entspricht[1]).

Der Fabrikant verlangt bei der Erteilung eines Auftrages an die Färberei, daß die Echtheit der Färbung den Bedürfnissen der Abnehmerkreise entspreche. Die Echtheitsbedürfnisse liegen so in dem subjektiven Ermessen der Kunden, der Abnehmerkreise.

Eine genaue Normalfestsetzung der Gebrauchsechtheiten ist deshalb unbedingt nötig, damit die Garantiefrage eine allgemeine sichere Grundlage erhält. Denn auf eine solch entgegengesetzte praktische Beanspruchung, wie es z. B. die Hauswäsche mit Oxydations- und Reduktionsmitteln ist, kann keine Garantie gegeben werden.

---

[1]) Fr. Eppendahl, Zur Frage der Echtheitsnormierung. Färber-Ztg. 1911, S. 118.

Da betreffs dieser Echtheitsfrage leider noch vorläufig alle Bestrebungen versagen, so bleibt nichts anderes übrig, als sich selbst zu helfen. Die Qualitätsangaben für Echtfärbungen werden von der Färberei am besten nur auf Grund genauer Prüfungsmethoden gemacht, die angegeben werden. Man hat es deshalb stets nur mit der angegebenen Prüfungsmethode zu tun. Für eine gleichbleibende Echtheitsqualität der Farben kann dann die Garantie übernommen werden.

Der Standpunkt, den die Färberei betreffs der Färbemethoden bei der Echtheitsfrage einzunehmen hat, ergibt sich hieraus von selbst.

Aufgabe der Färberei ist es, die Textilstoffe in der Echtheit zu färben, die dem jeweiligen praktischen Gebrauche entspricht. Daraus ergibt sich dann, daß die nach Echtheit und Preis günstigsten Farbstoffe und Färbeverfahren von der Färberei auszuwählen sind. Für die Färberei ist deshalb die Frage nicht: Naturfarbstoffe oder künstliche Farbstoffe. Solange die Naturfarbstoffe durch ihre Eigenschaften Resultate ergeben, die mit künstlichen Farbstoffen nicht erreicht werden, hat die Industrie keine Veranlassung, zu den letzteren überzugehen. Für die Färberei handelt es sich weiter nicht um die Frage, nur substantive Farbstoffe, Schwefelfarbstoffe, Küpenfarbstoffe, Indanthren- oder Algolfarben. Jede Farbstoffklasse hat echte und weniger echte Vertreter. ˊEs mag für einen Fall einmal eine substantive Färbung, das anderemal eine Schwefelfarbstoff- oder Küpenfarbstoffärbung nötig sein. Das hängt von der Nuance und von der Echtheitsbeanspruchung der Färbung ab.

Hieraus leitet sich die praktische Bedeutung der einzelnen Farbstoffe ab. In bezug auf die heute noch das größte Interesse beanspruchenden Küpenfarbstoffe wäre in dieser Hinsicht zu sagen, daß das Hauptverwendungsgebiet in der Hauptnuance Blau ist. Neben Blau kämen dann als wichtigste Nuancen auf Baumwolle für die Küpenfarbstoffe Violett und Grün.

Für Modefarben und braune Töne auf Baumwolle sind die Küpenfarbstoffe von geringerer Bedeutung. Dies trifft ebenfalls für Rot und Rosa zu. Die roten Küpenfarbstoffe können nicht gegen Türkischrot und Echtrot konkurrieren, welche einmal noch höhere Echtheit besitzen, dann aber auch noch wesentlich billiger sind.

Solange es möglich ist, auf anderem Wege für die Praxis genügend echte Färbungen herzustellen, solange entscheidet in der Technik die Preisfrage. Und betreffs des Preises sind die Küpenfarbstoffe mit die teuersten Farbstoffe. Da diese Farbstoffe zum Teil sehr wenig ergiebig sind, so werden die Farblöhne für dunkle Nuancen außerordentlich hoch. Es erklärt sich hieraus das praktische Bestreben, die Nuancen möglichst hell zu halten.

Das Publikum kann wohl in Geschmacksfragen, also in künstlerischer Hinsicht für Qualitätsware erzogen werden. Bei den Echtheitsfragen aber ist das Publikum fast machtlos. Der Käufer kann in den seltensten Fällen die Ware vorher auf Echtheit prüfen, was meist auch gar nicht angängig ist. Dem Material- und Echtheitsschwindel könnte deshalb Einhalt geboten werden durch einen gewissen Qualitäts- oder Markenschutz. Es ist zu hoffen, daß hierdurch eine Qualitätsverbesserung der Farbenechtheit im Laufe der Zeit doch erreicht wird, daß man dann auch allgemein wirklich echte Sachen, die den Anforderungen des praktischen Gebrauches entsprechen, erhält, wenn man solche echte Sachen verlangt.

Eine gewisse Echtheitsgarantie bestand vor dem Kriege nur für den Kenner in der Fabrikmarke vereinzelter Fabriken, die ihr Geschäftsrenommee auf die Lieferung von Qualitätsware gründeten. Es ist nicht zu verkennen, daß bei den heutigen Verhältnissen, bei der Knappheit und dem Mangel an Rohmaterialien und Farbstoffen die Echtfärberei zum Teil vollständig von Grund aus wieder neu aufgebaut werden muß. Diese Aufgabe dürfte um so bedeutungsvoller sein, da von der Fabrikation und Lieferung von Qualitätsware die Konkurrenzfähigkeit der einheimischen Textilindustrie auf dem Weltmarkt für die Zukunft mit abhängen wird.

Echtheitsprüfung.

Sachgemäße, der praktischen Beanspruchung entsprechende Echtheitsprüfungen sind zum Teil sehr schwierige Untersuchungen. Einheitliche Methoden zur Prüfung und Begutachtung der Echtheit der Färbungen bestehen noch nicht. Der zweite öffentliche Bericht der „Echtheitskommission" der Fachgruppe für Chemie der Farben- und Textilindustrie im Verein deutscher Chemiker (Zeitschrift f. angewandte Chemie 29, 1916, S. 101) enthält wertvolles Material zur Klassifizierung der Färbungen bezw. der Farbstoffe. Bei den Arbeiten der Echtheitskommission handelt es sich jedoch nicht um eine Normierung der Gebrauchsechtheiten. Die Arbeit der Echtheitskommission ist deshalb für die Praxis vorläufig nur von untergeordneter Bedeutung. Selbst eine Einigung der Farbenfabriken betreffs der Prüfungsmethoden und der Klassifizierung ist, wie zu erwarten war, bis jetzt nicht erreicht.

Es bleibt so nicht aus, daß bei den Echtheitsprüfungen verschiedene Gutachter verschiedene Arbeitsverfahren und Methoden benutzen, um so mehr, da die praktische Beanspruchung der Textilstoffe die allerverschiedenste ist.

Lichtechtheit. Die Lichtechtheit der Farben ist eine Hauptechtheitsforderung, denn das Verschießen der Textilstoffe vermindert deren Gebrauchsfähigkeit. Der Echtheitsbegriff „Lichtechtheit" ist bisher noch nicht festgelegt.

Die Art der Lichtwirkung auf die Färbungen ist noch nicht restlos aufgeklärt. Besonders durch die Untersuchungen von Gebhard[1]) ist diesen Fragen in neuerer Zeit wieder nähergetreten worden.

Im Vakuum verschießen die Farben nicht. Das Verschießen wird durch den Sauerstoff der Luft besonders bei Gegenwart von Feuchtigkeit verursacht. In ganz trockener Luft verbleichen die Farben bedeutend langsamer. Bei der Zerstörung der Farbstoffe durch Licht haben wir es somit mit einem chemischen Vorgang zu tun.

Nach Gebhard handelt es sich bei der photochemischen Veränderung von Farbstoffen um einen Autoxydationsvorgang, und zwar lagert sich der Sauerstoff in peroxydartiger Form zunächst locker an den Farbstoff an. In Gegenwart von Feuchtigkeit spielen die positiven Hydroxyl- und negativen Perhydroxylionen eine Rolle und bilden sich die sehr labilen Farbstoffperoxydhydrate.

Die Ursache der Lichtempfindlichkeit von Farbstoffen charakterisiert Gebhard ganz allgemein dahin, daß die unter dem Einfluß des Lichtes je nach der Konstitution größere oder geringere Steigerung der Reaktionsfähigkeit die Ursache der Lichtempfindlichkeit ist; denn sie befähigt die Farbstoffe, sich ent-

---

[1]) Gebhard, Ursache der Lichtwirkung auf Farben. Zeitschrift für Farbenindustrie 7, 1908, S. 299; Zur Frage der Lichtechtheit [organischer Farbstoffe Färber-Zeitung 1910, S. 95; Einwirkung des Lichtes auf Teerfarbstoffe. Färber-Zeitung 1910, S. 253; Zusammenhang zwischen Lichtempfindlichkeit und Konstitution von Farbstoffen. Journal für praktische Chemie Band 84, 1911, S. 561; Vorschlag zu einer einheitlichen Prüfungsmethode für die Lichtechtheit von Farbstoffen. Färber-Zeitung 1911, S. 6, 211 (Krais Färber-Zeitung 1911, S. 41, 145. Heermann Färber-Zeitung 1911, S. 85. Fr. Eppendahl Färber-Zeitung 1911, S. 118.); Über die Veränderung von Färbungen im Licht. Chemiker-Zeitung 1913, S. 601, 622, 638, 662, 679, 717, 765; Rasche Lichtechtheitsprüfungen von Farbstoffen und Pigmenten. Zeitschrift für angewandte Chemie 26, 1913, S. 79; Über den Schwellenwert bei Ausbleichen von Farbstoffen. Zeitschrift für angewandte Chemie 27, 1914, S. 4; Über die Verbesserung der Lichtechtheit von Färbungen. Färber-Zeitung 1914, S. 393.

sprechend leichter oder schwerer mit andern Körpern zu verbinden, und auf dieser Verbindung mit anderen Körpern — Sauerstoff und die Feuchtigkeit der Luft — beruht die Veränderung der Farbstoffe im Licht.

Die Lichtquelle ist die Sonne. Wir besitzen noch keine künstliche Lichtquelle, noch keine „künstliche Sonne", welche dem Sonnenlicht in der Zusammensetzung und relativen Stärke entspricht. Trotzdem das Tageslicht großen Schwankungen unterworfen ist bei verschiedenen Jahres- und Tageszeiten, in verschiedenen Gegenden, bei verschiedener Witterung, und deshalb vergleichende Untersuchungen zu verschiedenen Resultaten führen können, dürften wir in absehbarer Zeit kaum dahin gelangen, das Sonnenlicht durch künstliche Normallichtquellen für Lichtechtheitsversuche zu ersetzen.

Wir haben weiter keinen sicheren Maßstab, um die Lichtwirkung zahlenmäßig festzulegen.

Ein und dieselbe Färbung kann bei wechselnder Beleuchtung eine verschiedene Lichtechtheit zeigen. Die Stärke des Verschießens eines Farbstoffes bei Tageslicht kann nicht genau im Vergleich mit einem anderen beurteilt werden, denn zwei unter bestimmten Bedingungen gleich lichtechte Farbstoffe können je nach der Beleuchtung und der umgebenden Atmosphäre eine ganz verschiedene Echtheit zeigen. Der Feuchtigkeits-, Säure- und Alkaligehalt der Luft (Fabrikluft, Landluft) beeinflußt die Farbstoffe verschieden. Gebhard teilte die Farbstoffe in ihrer Abhängigkeit von der Beleuchtung in drei Klassen:

a) Farbstoffe, welche hauptsächlich unter dem Einfluß der langwelligen Strahlen zerstört werden.

b) Farbstoffe, welche hauptsächlich durch die kurzwelligen Strahlen zerstört werden.

. c) Farbstoffe, welche durch langwellige und kurzwellige Strahlen zerstört werden.

Von König und Gebhard wurde beobachtet, daß jedem Farbstoff ein bestimmter Schwellenwert zukommt, d. h. das Licht muß eine bestimmte Stärke haben, um einen Farbstoff aktivieren zu können. Ist der Schwellenwert nicht erreicht, dann bleibt der Farbstoff ganz unverändert, wielange auch die Belichtung dauert. Da nun jedem Farbstoff ein anderer Schwellenwert entspricht, so ist hiermit eine Möglichkeit für Abweichungen der Belichtungsresultate gegeben.

Bei der Veränderung der Farbstoffe im Licht unterscheidet Gebhard fünf charakteristische Fälle:

1. Der Farbstoff zeigt keine Änderung der Nuance; es findet kein Ausbleichen und keine Peroxydbildung statt.

2. Der Farbstoff bildet ein in der Nuance nicht oder nicht wesentlich verschiedenes stabiles Peroxyd.

3. Anfangs tritt schnell eine Änderung oder Aufhellung des Farbtones ein, während die weitere Zerstörung des Farbstoffes sehr langsam fortschreitet.

4. Anfangs langsame Veränderung, dann schnelle vollständige Zerstörung des Farbstoffes.

5. Der Farbstoff bleicht schnell aus, sei es im Ton oder in anderer Nuance.

Eine genaue exakte maßstäbliche Bemessung der Lichtwirkung und der Änderung der Färbungen im Licht erscheint somit noch ausgeschlossen. Tatsächlich bietet die Lichtechtheitsprüfung die größten Schwierigkeiten. Die Feststellung der Gebrauchsechtheiten für die Praxis erfordert jedoch eine Echtheitsprüfung, die bei dem Mangel einer exakten maßstäblichen Lichtmessung mit in Echtheit bekannten Farben vergleichend ausgeführt wird. Es bleibt weiterhin nur übrig, die praktische Lichtechtheitsprüfung unter möglichst strengen und ungünstigen Bedingungen auszuführen, damit nicht entgegen der Echtheitsprobe der Gebrauch der Textilstoffe zu Reklamationen Anlaß geben kann.

Als Lichtquelle für die praktischen Lichtechtheitsproben dient das direkte Sonnen- und zerstreute Tageslicht. Um Lichtechtheitsprüfungen beschleunigt ausführen zu können, verwendet Kallab einen Belichtungsapparat, der infolge automatischer Drehung das Sonnenlicht zu jeder Tages- und Jahreszeit senkrecht auf eine Sammellinse fallen läßt, und von dieser konzentriert und senkrecht auf die zu prüfenden Proben fällt [1]).

Bei der Belichtung mit konzentriertem Licht findet gleichzeitig eine Erwärmung der Proben statt, so daß nach Kallab [2]) man bei der Beschleunigung der Lichtechtheitsprüfung mit der Konzentrierung des Lichtes nicht zu weit gehen darf, und es dürfen gleichzeitig nur solche Farben geprüft werden, die in Bezug auf Farbenton einander nahe stehen.

Auch bei gewöhnlichen Belichtungen unter Glasrahmen findet je nach der Art der Glasscheibe eine Umwandlung des Lichtes in Wärme statt. Andererseits werden durch Glas auch ultraviolette Strahlen des Spektrums absorbiert. Für viele Fälle entspricht deshalb die Belichtung unter Glas nicht genau der

---

[1]) Farbe und Lack. Centralblatt, Nr. 39. 1912.

[2]) Zeitschrift des Bundes deutscher Dekorationsmaler, Färber-Zeitung 1919, S. 82.

späteren Gebrauchsbeanspruchung. Um aber die Witterungsein-
flüsse (Regen, Schnee und besonders auch Staub) auf die Proben
auszuschalten, ist die Belichtung unter Glasrahmen meist nicht
zu umgehen.

Die Messung der Lichtmenge bezw. der Lichtwirkung für die
praktische Lichtechtheitsprüfung ist die schwierigste Aufgabe.
Da zu verschiedenen Zeiten, Sommer und Winter, die Licht-
intensität und damit die Bleichwirkung des Lichtes eine verschiedene ist, können Lichtechtheitsversuche nicht durch bestimmte
Zeitangaben gemessen und verglichen werden. Die Lichtwirkung
in den verschiedenen Zeiten muß durch Mitbelichtung von Ver-
gleichs-, Typfärbungen, Vergleichsmaßstäben kontrolliert werden.
Zur maßstäblichen Bemessung der Lichtwirkung sind verschiedene
Vorschläge gemacht worden. Für die Vergleichsbelichtung kommen
hauptsächlich zwei verschiedene Methoden in Betracht. Entweder
man belichtet eine als lichtecht bekannte Färbung als Vergleichs-
typ mit (z. B. Indigoblau, Scheurer und Brylinsky), oder man
belichtet als Typ eine möglichst unechte Farbe mit, um die Belichtung in möglichst viele Bleichzeiten einteilen zu können
(Thiazolgelb, Kitschelt, Leipziger Monatsschrift für Textilindustrie
19, 21, 100; Krais, Viktoriablaupapier, Zeitschrift für angewandte
Chemie 24, 1911, S. 1302, 1809; Gebhard, Zeitschrift für angewandte Chemie 24, 1911, S. 1807, 1856, 2426).

Die Beurteilung, ob mit all diesen Methoden bei normalen
Verhältnissen an verschiedenen Orten innerhalb technischer
Fehlergrenzen brauchbare Resultate erzielt werden, ist keine
einheitliche. Ein für die Praxis an Genauigkeit genügender allgemein gültiger Maßstab ist noch nicht vorhanden.

Cassella beurteilt die Lichtechtheit auf Grundlage der Lichtechtheit des Indigoblaus, für welche die Zahl IV gesetzt wurde, so
daß eine über die des Indigo hinausgehende Lichtechtheit mit V
und eine stärkere darüber hinausgehende Lichtechtheit mit VI
bestimmt wurde. Für I ist die Lichtechtheit des Congorot
angenommen.

Die Höchster Farbwerke, ebenso Heermann, Koloristische
und textilchemische Untersuchungen, beurteilten die Lichtechtheit
wie folgt:

1. Nach 1 Monat nicht oder nur unmerklich geändert.
2. Nach 1 Monat ziemlich, nach 14 Tagen wenig geändert.
3. Nach 14 Tagen stark, nach 8 Tagen wenig geändert.
4. Nach 8 Tagen stark geändert.
5. Schon nach 1 Tag stark geändert.

Die Echtheitskommission hat für die Lichtechtheit acht Normen und Typen aufgestellt. Mit I wird die niedrigste, mit VIII die höchste Echtheitsstufe bezeichnet.

Die Typen sind für Baumwolle folgende:

I. 5 % Chicagoblau 6 B (424).
II. 0,8 % Methylenblau BG (659)
III. 1 % Indoinblau R in Pulv. (126).
IV. 20 % Kryogenviolett 3 R (BASF).
V. 2,5 % Benzolichtrot 8 BL (By).
VI. 10 % Hydronblau G Teig 20 %ig (748).
VII. 8 % Schwefelschwarz T extra (720).
VIII. 25 % Indanthrenblau GC in Teig (843).

Für Wolle wurden folgende Typen aufgestellt:

I. 3 % Indigotine Ia in Pulver (877).
II. 1,5 % Ponceau RR (82).
III. 2,75 % Amarant (168).
IV. 4,5 % Azosäurerot B (64).
V. 5 % Säureviolett 4 RN (BASF).
VI. 2,5 % Diaminechtrot F (343).
VII. 4 % Anthrachinongrün GXN (864).
VIII. Indigo (874) in der Tiefe einer Färbung von 2,4 % Sulfoncyanin GR extra (257). Oder: 7 % Naphtholgrün B (4).

Bei diesen Typen wäre eine Erweiterung auf helle Nuancen und eine Ergänzung der einzelnen Normen auf verschiedene Farbtöne wünschenswert.

Die Beurteilung der Lichtwirkung erfolgt durch die Angaben: keine Änderung, geringe Änderung, merkliche Änderung. Genauere Bezeichnungen und genauere Festlegung der Nuancen, d. h. eine allgemein gültige Chromometrie existiert noch nicht.

W. Ostwald charakterisiert das zurzeit noch immer einzig brauchbare Verfahren zur sicheren Kennzeichnung einer bestimmten Farbe (nämlich eine Probe davon vorzulegen): dem entspräche, daß man bei der Bestellung von Maschinen bestimmter Dimensionen deren Abmessungen in Gestalt von Bindfadenstücken entsprechender Länge dem Bestellbrief beifügt (Zeitschr. f. phys. Chem. 91, 1916, 129).

Die verschiedenen Verfahren und Systeme zur Messung und Benennung von Farbtönen[1]) haben noch keine allgemeine Anwendung gefunden. Hierzu gehören der Kallabsche Farbenanalysator, von Klemperers Chromoskop, Arons Chromoskop, Baumanns Farbenkarte, Ostwalds Farbenfibel und Farbenatlas.

Die praktische Ausführung der Lichtechtheitsprüfungen erfolgt in der Weise, daß die zu untersuchenden Proben neben den in Echtheit bekannten Typen auf einer Unterlage aufgespannt und in einem im Freien hängenden Kasten unter Glas aufgehängt

---

[1]) Krais, Über die industrielle Verwertbarkeit der bis heute vorhandenen Verfahren und Systeme der Messung und Benennung von Farbtönen. Zeitschr. f. angew. Chemie 27, 1914, S. 25. S. a. Färber-Zeitung 1914, S. 133, 174.

werden, daß die Färbung zur Hälfte mit Karton zugedeckt exponiert wird.

Bei eingehenden Lichtechtheitsproben wird die Belichtung bis zu einem Jahre ausgedehnt.

Bei Stoffen, die im Freien gebraucht werden, erfolgt die Lichtechtheitsprüfung nicht unter Glas, sondern die Färbungen werden im Freien aufgehängt und dem Licht und Wetter exponiert.

Neben der reinen Lichtechtheit kommt für Buntgewebe, Anzugstoffe, Fahnenstoffe, Hut- und Mützenstoffe und Bänder auch noch eine Regenechtheit, Wasserechtheit in Frage.

Bei Vorhangstoffen kommt es zum Teil nicht allein auf Lichtechtheit an. Schmutzige Vorhänge müssen gewaschen werden, und die Farben müssen außer Lichtechtheit eine bestimmte Waschechtheit besitzen.

Diese Beispiele zeigen zur Genüge, wie kompliziert die Feststellung der Gebrauchsechtheit von Färbungen und die Beurteilung der Verwendungsmöglichkeit bestimmter Farbstoffe ist.

Waschechtheit[1]). Die meisten Textilstoffe werden im Laufe ihrer Verwendung einer wiederholten Wäsche unterworfen. Die Ausführungsformen der Hauswäsche sind sehr mannigfaltig. Das Waschen besteht in einer mechanischen und einer chemischen Behandlung der Textilwaren. Die mechanische Behandlung besteht in einem Reiben und Bürsten mit der Hand oder in Waschmaschinen. Eine mechanische Wirkung können auch die angewandten Waschmittel verursachen; der Tongehalt der Kriegsseifen, die aus Wasserglas beim Waschprozeß abgeschiedene Kieselsäure wirkt mechanisch auf die Gewebe ein, das gleiche gilt von den aus Sauerstoffpräparaten sich beim Waschprozeß entwickelnden feinen Sauerstoffbläschen. Die mechanische Wirkung des Waschens beeinflußt mit die Haltbarkeit der Farben und Textilstoffe. Die chemische Behandlung besteht beim Waschen in der Einwirkung der Waschlaugen. Die Grundsubstanz jeder guten Waschlauge ist Seife. Als Zusätze werden Soda, Wasserglas, Saponinstoffe für sich, oder in Form der verschiedenen Handelswaschmittel und Waschpulver verwendet. Hierzu kommen dann die verschiedenen Bleichmittel. Das alte Verfahren der Hauswäsche, nach dem Entfernen des Schmutzes die weißen Wäschestücke noch auf dem Rasen auszubreiten, noch einer Rasenbleiche zu unterziehen, verschwindet in den Städten mehr

---

[1]) Fr. Eppendahl, Hauswäsche und Waschechtheitsprüfung. Färber-Ztg. 1910, S. 317.

und mehr. Zur Unterstützung des Waschprozesses dienen dann die verschiedenen Bleichmittel. Als Bleichmittel werden Oxydations- und Reduktionsmittel gebraucht. Verwandt werden Chlorkalk, Sauerstoffpräparate (Perborate, Percarbonate), Hydrosulfitpräparate. In Wäschereien und Waschanstalten wird mit Chlorlaugen (Chlorkalklösungen und elektrolytischen Chlorlaugen) und Sauerstoffpräparaten gearbeitet, während in den Haushaltungen hauptsächlich die Sauerstoffwaschmittel Verwendung finden. Weiter werden in den Wäschereien diastatisch und enzymatisch wirkende Mittel angewandt. Diastatische Mittel bewirken ein Aufschließen der Stärke, bestimmte Fermente vermögen fett- und eiweißhaltigen Schmutz aus der Wäsche zu lösen.

Die Verwendung der Bleichmittel sollte bei der Hauswäsche vermieden werden. Jedes Bleichmittel wirkt auf die Farben und die Festigkeit des Gewebes schädlich, wenn es wiederholt, und wie bei der Hauswäsche regelmäßig gebraucht wird. Die Beurteilung der Wäscheschädigung, des Sauerstofffraßes beim Gebrauch der Sauerstoffwaschmittel und damit die Befürwortung oder Ablehnung der Verwendung dieser Chemikalien ist noch verschieden (z. B. Heermann, Seifensieder-Ztg. 1918, S. 151; Kind, Seifensieder-Ztg. 1918, S. 424). Auf jeden Fall ist mit der größten Verwendung dieser Wasch- und Bleichmittel zu rechnen. Eingehende Echtheitsprüfungen besonders für Färbungen, die für Weißwäsche bestimmt sind, werden deshalb auf die in der Praxis tatsächlich gebrauchten Bleichmittel Rücksicht nehmen, und die Farben neben den gebräuchlichen Echtheitsprüfungen auch mit Handelswaschmitteln (z. B. Persil), oder unter Zusatz von Perborat oder Percarbonat zu den Seifenlösungen auf Echtheit prüfen.

Dagegen kann bei Echtheitsgarantien für Waschechtheit auf derartige Wasch- und Bleichmittel keine Rücksicht genommen werden. Es ist bedauerlich, daß in Haushaltungs- und Gewerbeschulen, im Haushaltungsunterricht der Volksschulen kein größerer Einfluß auf eine rationelle sachgemäße Hauswäsche ausgeübt wird.

Für die Echtheitsprüfung und Echtheitsgarantie kommt folgende praktisch erprobte und bewährte Grundlage in Betracht.

Zweck der Hauswäsche. Die Hauswäsche bezweckt die Reinigung der Textilstoffe.

Art der Hauswäsche. Man unterscheidet bei der Hauswäsche speziell

1. das Kochen der Wäsche z. B. für Weißwäsche, und

2. das Waschen in handwarmer Lauge z. B. für Buntgewebe.

Für Wolle und Seide kommt nur ein Waschen in handwarmer Lauge in Betracht. In vereinzelten Fällen werden seidene und

kunstseidene Besätze auch für Weißwäsche verwandt. Die Farben
müssen dann kochecht sein, damit durch ein Abbluten die Weißwäsche nicht verdorben wird.

Waschechtheit. Unter Waschechtheit versteht man die
Widerstandsfähigkeit der Färbungen gegen alkalische Seifenlaugen
(Lösungen aus Seife und Soda). Die Färbungen dürfen bei der
Wäsche in erster Linie nicht bluten.

Waschechtheitsprüfung. Die verwebten oder die je nach
dem Verwendungszweck mit entsprechenden Mengen Weiß verflochtenen Proben werden 1 Stunde mit 5 Gramm Marseiller Seife
und 3 Gramm calcinierter Soda pro Liter Wasser

für Kochechtheit gekocht,

für Waschechtheit bei 30 bis 55 ° C.

behandelt.

Echtheitsbeurteilung. Eine Färbung ist für praktische
Zwecke echt (waschecht, kochecht), wenn sie bei der betreffenden
Prüfungsmethode in erster Linie nicht blutet, und wenn der
Farbton seinen ursprünglichen Charakter behält.

Anmerkung. Die Prüfungsmethode für Waschechtheit und Kochechtheit
gefärbter Baumwolle neben weißer Baumwolle der Echtheitskommission entspricht
nicht den praktischen Anforderungen. Es handelt sich auch nicht um eine Normierung der praktischen Gebrauchsechtheiten. Das in der Vorschrift angegebene
Verhältnis von gleicher Menge Färbung und weißer Baumwolle in 50 facher
Flottenmenge ist für Kochechtheitsproben zu scharf. Die beiden Arten der Hauswäsche regeln auch das Mengenverhältnis der Färbung zum Weiß. Bei Bunt-
geweben, die nur warm gewaschen werden, ist dies Verhältnis praktisch
verschieden. Die Vorschrift gleiche Mengen Färbung und Weiß in 50 facher
Flottenmenge dürfte einem scharfen Durchschnitt entsprechen. Dies Verhältnis
trifft aber für Weißwäsche nicht zu. Gekocht wird praktisch nur Weißwäsche. Kochechte Färbungen kommen nur in Betracht für die
Besätze der Weißwäsche. Das Verhältnis des Besatzes (Wäscheband z. B.)
zum weißen Wäschegegenstand (Hemd z. B.) ist ein sehr kleines, d. h. die Menge
der Färbung ist zum Weiß eine sehr geringe.

Die Verwendung gewöhnlicher weißer abgekochter Baumwolle widerspricht
direkt dem praktischen Gebrauch. Die Vorschrift vermeidet allerdings möglichst
eine Beeinflussung des Ausblutens mit verflochtenem weißen Garn (z. B. Oxy-
und Hydrozellulose bei gebleichtem Garn). Praktisch werden die Färbungen
fast immer mit gestärktem oder sonstwie appretiertem gebleichten Garn verwebt (Kettgarn ist meist geschlichtet), oder die Buntgewebe werden fertig appretiert. Diese fertig appretierten Textilstoffe müssen dem Waschprozeß standhalten.
Bei Kochechtheitsproben für Weißwäsche näht man deshalb die Besätze oder die
mit Weiß verflochtenen Färbungen noch auf weißen Baumwoll- oder Leinenstoff
auf, um selbst den oft wesentlichen Einfluß appretierter Weißgewebe auf die
Echtheit der Farben mit zu berücksichtigen.

Wasserechtheit. Die Probe wird mit weißer Baumwolle, Wolle und Seide verflochten, in kaltes destilliertes Wasser eingelegt, ausgedrückt und bei gewöhnlicher Temperatur getrocknet. Die Prüfung wird mehrmals wiederholt. Für bestimmte Artikel (Matrosenmützenbänder usw.) kommt auch Seewasserechtheit in Frage. Der Salzgehalt des Seewassers ist verschieden. Das Wasser der Nordsee und der großen Ozeane enthält ungefähr 3 bis $3^1/_2\,^0/_0$ Salze gelöst. Man prüft durch eintägiges Einlegen in kochsalzhaltiges Wasser (50 bis 100 Gramm Kochsalz im Liter Wasser), oder entsprechend den Vorschriften der Echtheitskommission durch 24stündiges Einlegen bei 40facher Flottenmenge in kalter Lösung von 30 Gramm Kochsalz und 6 Gramm Chlorcalcium pro Liter.

Reibechtheit. Die Reibechtheit einer Färbung wird beurteilt durch 10maliges kräftiges Reiben der Färbung auf einem weißen Lappen.

Reibechtheit wird nicht nur als praktische Gebrauchsechtheit verlangt, sondern spielt auch eine große Rolle bei der Fabrikation der Textilstoffe. Bei der Bandfabrikation wird gegen früher jetzt zumeist die Figur durch die Kette gebildet. Liegt eine Figur auf einem taffetartigen Gewebegrund, so haben die bunten Kettfäden, welche die Figur bilden, eine ständige große Reibung gegen die Fäden des Grundes beim Weben auszuhalten. Die Farben müssen reibecht sein.

Es kommen bei der Fabrikation der Textilstoffe jedoch auch Anstände wegen Reibechtheit vor, die nicht durch die Färbung, sondern durch die Qualität des Garnes bedingt sind. Ein kurzstapeliges Garn kann z. B. bei zu enger Rietstellung oder bei zu scharfen Rieten abgerieben werden, und die abgeriebenen Fäserchen verschmutzen dann das Gewebe. Bei genauerer Prüfung mit der

---

Betreffs der Prüfungsdauer entspricht einstündige Behandlung besser der praktischen Beanspruchung, wie nur $^1/_2$stündige Behandlung. Bei der Kochprobe genügt $^1/_2$stündiges Kochen nicht! Die nicht kochechten blauen Schwefelfarbstoffe bluten z. B. erst bei längerem Kochen aus. Einstündiges Kochen ergibt ein der Praxis entsprechendes Echtheitsbild.

Bei der Normierung wird unter Grad IV als Typ Immedial Indon R conc neben Indigoblau angegeben. Es widerspricht dies direkt den tatsächlichen Echtheitseigenschaften und der praktischen Bewertung dieser beiden Farbstoffe. Indigoblau ist kochecht, während Immedial Indon R conc, wie alle Schwefelblaus, nicht kochecht ist und bei längerem Kochen mit Seife und Soda blutet.

Die von der Echtheitskommission für Waschechtheit gegebene Vorschrift entspricht also nicht dem praktischen Gebrauch und gibt mit der angegebenen Normierung falsche bzw. für die Praxis direkt nicht verwertbare Resultate.

Lupe können dann an den verschmutzten Stellen des Gewebes leicht die abgeriebenen Fäserchen erkannt werden. Dies wird bei schlechten mercerisierten Garnqualitäten oft beobachtet. Wenn man die gefärbten Garne über einem weißen Bogen Papier ausschüttelt oder reibt, so kann man die abfallenden kleinen Fäserchen in größeren Mengen leicht beobachten und der Weberei die Ursache des Übelstandes und der Reklamation deutlich sichtbar machen.

Ähnliche Beobachtungen macht man bei Badeteppichen, die aus schlechten groben kurzstapeligen Baumwollgarnen verwebt werden. Bei derartigen weiß-farbigen Badeteppichen kann die Farbe zum Teil ins Weiße abgerieben sein. Zuweilen lassen sich mit einem Messer aus dem Weiß die farbigen Fäserchen herausschaben. Die Farben können reibecht sein, dagegen verursachen die abgeriebenen Fäserchen der kurzstapeligen Garne das Anschmutzen des mitverwebten Weiß, ein Umstand, den die Färberei nicht zu vertreten hat.

Das Abreiben und besonders das Anschmutzen von Weiß wird bei manchen Farben (z. B. Indigoblau) bei der Fabrikation der Textilstoffe, besonders beim Kettenscheren und Weben, verursacht und begünstigt durch das zuweilen gebräuchliche Bestreichen der Kette mit Paraffinstücken.

Bügelechtheit. Die Färbung wird mit einem feuchten Baumwollappen bedeckt und mit einem Bügeleisen trocken gebügelt. Es wird die Farbenänderung durch das heiße Bügeln und das Ausbluten beobachtet.

Schweißechtheit. Schweißechtheitsprüfungen werden verschieden ausgeführt. Die mit Weiß verflochtene Probe wird bei 40° mit 50 ccm Essigsäure und 100 g Kochsalz pro Liter Wasser behandelt, abgequetscht und getrocknet.

Die Echtheitskommission hat für Baumwolle folgende Prüfung vorgeschlagen: Die Färbung wird mit der gleichen Menge abgekochter weißer Baumwolle verflochten, 10 Minuten in eine 80° warme Lösung, die 5 ccm neutrales essigsaures Ammonium (Handelsware 30%ig gleich 7,5° Bé) im Liter Kondenswasser enthält, eingelegt. Hierauf wird ohne zu spülen getrocknet.

Davidis verwendet für Schwarz-Weiß-Artikel eine alkalische Seifenlösung (Färber-Zeitung 1904, S. 373). Die Färbung wird 10 Minuten in einer 50° warmen Lösung von 5 g Marseiller Seife und 3 ccm Ammoniak im Liter Wasser behandelt. Die Probe wird dann in einem weißen Lappen trocken gebügelt.

Daß die gewöhnliche Essigsäure- und Kochsalzprobe nicht genügt, ersieht man daran, daß für strengere Anforderungen (Hosenträgerfarben z. B.) in der Praxis Schweiß- und Waschechtheit verlangt wird, da die Waschechtheit eine bessere Gewähr für die gleichzeitige Schweißechtheit bietet.

Straßenschmutz- und Staubechtheit. Die Färbung wird mit einer Lösung von 10 g Ätzkalk und 10 g Ammoniak im Liter Wasser betupft, oder in dieselbe eingelegt, getrocknet, abgebürstet und gemustert.

Chlorechtheit. Die Chlorechtheit wird beurteilt durch einstündiges Einlegen der Probe in 1^0 Bé starke Chlorkalklösung.

Außer dem Chlorgehalt und der Temperatur der Lauge kommen für den Bleichgrad oder für die Wirkung der Bleichlaugen in Betracht: die Alkalinität der Lauge und das Flottenverhältnis oder die Flottenmenge. Diese Faktoren, die praktisch auch nie gleich sind, sind für das Resultat der Prüfung ausschlaggebend (z. B. Türkischrot ist gegen alkalische Chlorlaugen echt, wird aber durch freie unterchlorige Säure sofort zerstört).

Die Chlorechtheitsangabe ist zum Teil für Wäscheartikel von Wichtigkeit. Für Wäschebesätze wird oft Chlorechtheit verlangt, da das Waschen in den Waschanstalten meist unter Anwendung von Bleichmitteln ausgeführt wird. Aus den Prospekten für elektrolytische Bleichapparate geht schon hervor, daß die Zahl der Wäschefabriken nnd Dampfwäschereien, die mit elektrolytischen Chlorlaugen „waschen", schon sehr groß ist. Daher kommen die zum Teil ganz rigorosen Echtheitsforderungen.

Unter Bleichechtheit versteht man in der Regel die Echtheit gegen einen vollständigen Bleichprozeß mit Bäuchen oder Abkochen und Chloren. Da das Bleichen überall verschiedenartig ausgeführt wird, sind die Bleichechtheitsprüfungen nach dem gerade vorherrschenden praktischen Verfahren zu gestalten.

Säureechtheit. Die Färbung wird mit Salzsäure (1 : 10) oder Schwefelsäure (1 : 10) und mit Essigsäure ($30^0/_0$) betupft und die Nuancenänderung des Farbtones beobachtet. Die Prüfung dient mit zur Feststellung des Einflusses von Essig-, Wein- und Obstflecken auf die Farben.

Mercerisierechtheit. Die Färbung wird mit weißer Baumwolle verflochten, 5 bis 10 Minuten mit Natronlauge 30^0 Bé behandelt, gespült, abgesäuert, gespült und getrocknet. Es wird die Nuancenänderung und das Ausbluten beurteilt.

Säurekochechtheit. Die mit weißer Wolle, Baumwolle eventl. Kunstseide verflochtene Probe wird durch einstündiges Kochen mit $4^0/_0$ Schwefelsäure und $10^0/_0$ Glaubersalz (Flottenverhältnis 1 : 40) geprüft. Es wird das Anfärben und die Nuancenveränderung beobachtet.

Schwefelechtheit. Nach der Vorschrift der Echtheitskommission wird die Probe mit der gleichen Menge gewaschener Zephyrwolle verflochten, in einer Lösung von 5 g Marseiller Seife im Liter Wasser bei Zimmertemperatur genetzt, dann ausgewrungen. Hierauf kommt sie in einen durch Verbrennen von überschüssigem Schwefel mit Schwefeldioxyd gefüllten Raum, bleibt darin 12 Stunden und wird dann in kaltem Wasser gut gespült, ausgedrückt und getrocknet.

Lagerechtheit. Unter Lagerechtheit versteht man die Echtheit oder Widerstandsfähigkeit der Textilstoffe gegen ein Lagern, wobei eine Schwächung der Faser, eine Nuancenveränderung und eine Einwirkung der Textilfasern auf andere mitverwebte Stoffe in Betracht kommt.

Es ist zu berücksichtigen:

1. Schwächung der Faser beim Lagern.
2. Veränderung der Farbnuancen beim Lagern.
3. Einwirkung der Textilfärbungen auf andere mitverwebte Stoffe.

Zu 1. In Frage kommt a) Schwächung oder Morschwerden der beschwerten Seidenfaser, b) Schwächung der mit Schwefelfarbstoffen gefärbten Baumwolle c) Schwächung der Faser durch Zersetzung von Nitrofarbstoffen.

Zu 2. In Frage kommt a) Veränderung der Farbnuancen beim Lagern von Seidenstoffen durch ungünstige Lagerungsverhältnisse; Wanderungen der Feuchtigkeit und wasserlöslichen Bestandteile der Faser bei Temperaturschwankungen während des Lagerns, b) Veränderung der Farbnuancen, die verursacht wird z. B. durch eine nachträgliche Entwicklung oder Oxydation des Farbstoffes z. B. bei Schwefelfarbstoffen, c) Vergrünen des Anilinschwarz, d) Änderung der Farbnuancen durch chemische Einflüsse z. B. Schwarzwerden von bleihaltigem Garn in schwefelwasserstoffhaltiger Atmosphäre (kann z. B. in Frage kommen für Eisengarn, bei welchem die Schlichte mit Bleizucker konserviert war); Vergilben von Weißware; Einwirkung schädlicher Abgase von Beleuchtungskörpern (salpetrige Säure bei Bogenlampen, Gasglühlicht).

Zu 3. In Frage kommt: Einwirkung der Textilfärbungen auf mitverwebte Metallfäden, z. B. Schwarzwerden von unechten Goldfäden, Anlaufen von Metallfäden in Matrosenmützenbändern; Einwirkung der Färbungen auf mitverwebte Gummifäden.

Sach- und Namenregister.